ARGOPREP

1er GRADO COMMON CORE

NEXT GENERATION LEARNING STANDARDS

MATEMÁTICAS

CUADERNO DE PRÁCTICA DIARIA

GRATUITO

ARGOPREP.COM

SISTEMA ONLINE CON EXPLICACIONES EN VIDEO

ArgoPrep is one of the leading providers of supplemental educational products and services. We offer affordable and effective test prep solutions to educators, parents and students. Learning should be fun and easy! For that reason, most of our workbooks come with detailed video answer explanations taught by one of our fabulous instructors.

Our goal is to make your life easier, so let us know how we can help you by e-mailing us at: info@argoprep.com.

If you are a teacher or school using this workbook for students, you must purchase a school license to get permission for classroom use. Please email us at info@argoprep.com to obtain a school license.

ArgoPrep has won **over 10+ educational awards** for their workbooks and online learning platform. Here are a few highlighted awards!

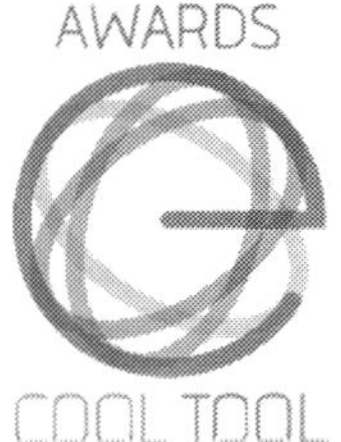

Tabla de contenido

Este cuaderno de práctica se diseña para dar mucha práctica con los estándares estatales comunes (CCSS por sus siglas en inglés). Al practicar y dominar este cuaderno de práctica por completo, su hijo se familiarizá y se pondrá bastante cómodo con el examen estatal de matemáticas. Si usted es maestro o maestra que está utilizando este cuaderno de práctica para sus estudiantes, se dará cuenta de que cada pregunta se etiqueta con el estándar específico para poder fácilmente asignarles a sus estudiantes los problemas de este cuaderno de práctica. Este cuaderno maneja los estándares estatales comunes (CCSS por sus siglas en inglés) y los reparte entre 20 semanas. Al trabajar en estos problemas a diaraio, los estudiantes podrán (1) encontrar las deficiencias en su comprensión y/o práctica de las matemáticas y (2) experimentar pequeños éxitos cada día que reforzará el dominio y la confianza en sus habilidades.

Le recomendamos enfáticamente que vea los videos debido a que fortalecerán los conceptos fundamentales. Favor de notar que quizás sea necesario tener hojitas de papel durante el uso de este cuaderno para que el estudiante tenga suficiente espacio para demostrar su trabajo.

Para un repaso detallado de los Estándares Estatales "Common Core" (comunes) para el 1º grado, favor de visitar: www.corestandards.org/Math/Content/1/introduction/

CÓMO VER
EXPLICACIONES EN VIDEO
ES ABSOLUTAMENTE GRATIS

Visite **argoprep.com/ccms1**
O escanea el Código QR:

OTHER BOOKS BY ARGOPREP

Here are some other test prep workbooks by ArgoPrep you may be interested in. All of our workbooks come equipped with detailed video explanations to make your learning experience a breeze! Visit us at **www.argoprep.com**

COMMON CORE MATH SERIES

COMMON CORE ELA SERIES

INTRODUCING MATH!

Introducing Math! by ArgoPrep is an award-winning series created by certified teachers to provide students with high-quality practice problems. Our workbooks include topic overviews with instruction, practice questions, answer explanations along with digital access to video explanations. Practice in confidence - with ArgoPrep!

SCIENCE SERIES

Science Daily Practice Workbook by ArgoPrep is an award-winning series created by certified science teachers to help build mastery of foundational science skills. Our workbooks explore science topics in depth with ArgoPrep's 5 E'S to build science mastery.

KIDS SUMMER ACADEMY SERIES

ArgoPrep's Kids Summer Academy series helps prevent summer learning loss and gets students ready for their new school year by reinforcing core foundations in math, english and science. Our workbooks also introduce new concepts so students can get a head start and be on top of their game for the new school year!

CAPTAIN BRAVERY

WATER FIRE

MYSTICAL NINJA

GREEN POISON

FIRESTORM WARRIOR

RAPID NINJA

CAPTAIN ARGO

THUNDER WARRIOR

ADRASTOS THE SUPER WARRIOR

DANCE HERO

GREEN DRAGON WARRIOR

You can find detailed video explanations of each problem in the book by visiting:
ArgoPrep.com/ccms1

La semana 1 trata de sumar y restar dentro de 20 para resolver problemas de planteo.
¡Empecemos!

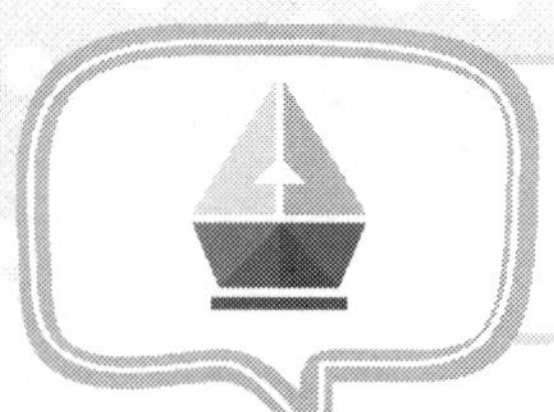

SEMANA I : DÍA I

1. Miguel tenía 3 cartas. Tres más llegaron por correo. ¿Cuántas cartas tiene ahora Miguel?

$$3 + 3 = \square$$

A. 5
B. 6
C. 7
D. 8

1.OA.A.1

2. Jaime tiene 7 manzanas. Jaime se come 2 manzanas. ¿Cuántas manzanas le quedan a Jaime?

$$7 - 2 = \square$$

A. 3
B. 4
C. 5
D. 6

1.OA.A.1

3. Había 15 fresas en la mesa. Lisa comió algunas fresas. Luego quedaron 7 fresas. ¿Cuántas fresas comió Lisa?

$$15 - \square = 7$$

A. 5
B. 7
C. 8
D. 10

1.OA.A.1

4. La Srta. Smith tiene 8 chocolates. Comió 2. ¿Cuántos chocolates le quedan?

$$8 - 2 = \square$$

A. 3
B. 4
C. 5
D. 6

1.OA.A.1

5. Había algunos libros sobre la mesa. 6 libros más se colocaron sobre la mesa. Ahora hay un total de 13 libros sobre la mesa. ¿Cuántos libros había antes sobre la mesa?

$$\square + 6 = 13$$

A. 5
B. 7
C. 8
D. 9

1.OA.A.1

6. Hay ocho manzanas rojas y 2 manzanas verdes en la canasta. ¿Cuántas manzanas hay en la canasta?

$$8 + 2 = \square$$

A. 9
B. 10
C. 11
D. 12

1.OA.A.1

CONSEJO del DÍA

Busca palabras claves que te ayuden a entender si necesitas sumar o restar para resolver un problema determinado.

SEMANA 1 : DÍA 2

1. Lisa tiene 5 duraznos más que Tony. Tony tiene 11 duraznos. ¿Cuántos duraznos tiene Lisa?

$$11 + 5 = \square$$

A. 6
B. 16
C. 17
D. 19

4. Yo tenía 11 dulces. Mi hermano comió algunos y me quedaron 6 dulces. ¿Cuántos dulces se ha comido mi hermano?

$$11 - \square = 6$$

A. 5
B. 7
C. 9
D. 11

2. Simon tiene 3 naranjas menos que Jessica. Jessica tiene 17 naranjas. ¿Cuántas naranjas tiene Simon?

$$17 - 3 = \square$$

____

5. Hay 6 gatos y 14 perros. ¿Cuántos animales hay en total?

$$6 + 14 = \square$$

____

3. Luis tenía 10 libros. Le dio 6 libros a su hermana. ¿Cuántos libros tiene Luis ahora?

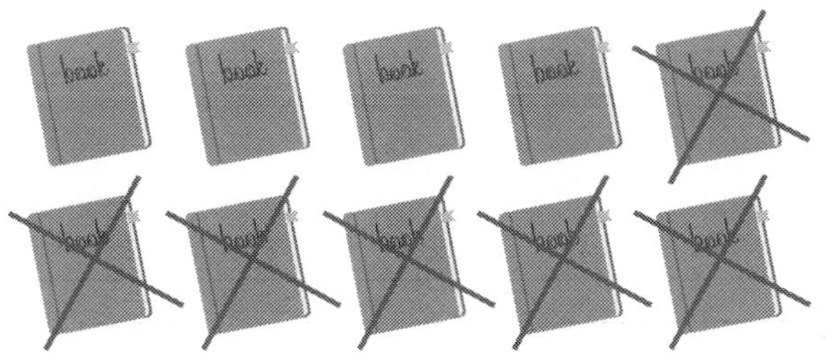

A. 2   C. 5
B. 4   D. 8

6. ¿Cuántas flores ves?

____

CONSEJO del DÍA

Si te atascas en una pregunta en particular, intenta dibujar un diagrama para ayudarte a visualizar la respuesta.

1. Había 9 pelotas de béisbol. Tres pelotas se perdieron. ¿Cuántas pelotas quedan?

A. 10   **C.** 7

B. 8   **D.** 6

1.OA.A.1

2. Hay 20 estampillas. Lisa usa 8 estampillas. ¿Cuántas estampillas quedan?

$$20 - 8 = \square$$

Quedan __________ estampillas.

1.OA.A.1

3. Ria tiene 7 zanahorias. Liza tiene 19 zanahorias. ¿Cuántas zanahorias más tiene Liza que Ria?

$$19 - 7 = \square$$

A. 10

B. 12

C. 13

D. 15

1.OA.A.1

4. Hay 8 rosas en un jarrón para flores. Cuatro rosas más se añaden al jarrón. ¿Cuántas rosas hay en el jarrón?

$$8 + 4 = \square$$

A. 10

B. 12

C. 14

D. 15

1.OA.A.1

5. Hay 7 pájaros. Tres se volaron. ¿Cuántos pájaros quedan?

__________ pájaros quedan.

1.OA.A.1

6. ¿Cuántos plátanos ves?

____

1.OA.A.1

CONSEJO del DÍA

¿Se te dificulta contar números? Usar canicas u otros objetos pequeños para ayudarte a contar es una manera fantástica para aprender.

14

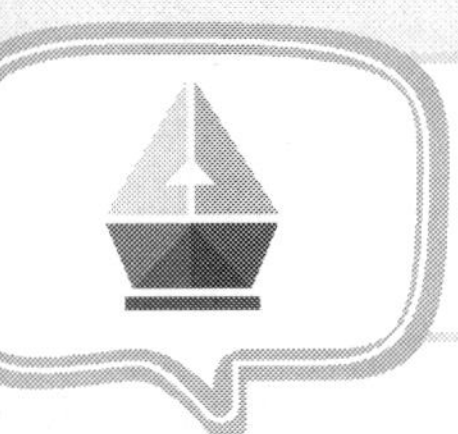

SEMANA I : DÍA 4

1. Hay 4 carros azules y 3 carros rojos. ¿Cuántos carros hay en total?

Hay _____________ carros en total.

1.OA.A.1

2. Bob tiene 2 hermanos menos que Ron. Ron tiene 5 hermanos. ¿Cuántos hermanos tiene Bob?

$$5 - 2 = \square$$

A. 3
B. 4
C. 5
D. 6

1.OA.A.1

3. Había 12 calcomanías en un libro. Mike usó 5 calcomanías del libro. ¿Cuántas calcomanías quedan?

$$12 - 5 = \square$$

_____________ calcomanías quedan.

1.OA.A.1

4. La alfombra roja mide 19 pulgadas de largo. La alfombra amarilla es 3 pulgadas más corta que la roja. ¿Cuántos centímetros mide la alfombra amarilla?

$$19 - 3 = \square$$

La alfombra amarilla mide _____________ pulgadas de largo.

1.OA.A.1

5. Hay 3 pájaros. Dos pájaros más llegan volando. ¿Cuántos pájaros hay en total?

A. 3   C. 5
B. 4   D. 6

1.OA.A.1

6. Había 18 manzanas en una canasta. Sally se come 5 manzanas. Mike se come 3 manzanas. ¿Cuántas manzanas quedan en la canasta?

$$18 - 5 = \square$$

$$\square - 3 = \square$$

_____________ manzanas quedan en la canasta.

1.OA.A.1

CONSEJO del DÍA

Esta semana vamos a practicar nuestras destrezas de suma y de resta para los números 1 hasta 20. ¿Puedes sumar o restar mentalmente sin usar tus dedos? ¡Inténtalo!

SEMANA I : DÍA 5

1. ¿Cuántas guitarras hay en la imagen mostrada abajo?

Hay _________ guitarras mostradas en la imagen.

1.OA.A.1

2. Hay 17 gatos en el refugio de animales. La familia Brady adoptó 3 gatos del refugio. ¿Cuántos gatos quedan en el refugio?

$$17 - 3 = \square$$

A. 11
B. 14
C. 15
D. 16

1.OA.A.1

3. Lisa tenía 12 lápices en su estuche. Dos lápices se quebraron y se tuvieron que echar. ¿Cuántos lápices quedan en el estuche?

$$12 - 2 = \square$$

A. 2
B. 8
C. 10
D. 12

1.OA.A.1

4. Hay 14 coches en un aparcamiento. Los coches son negros o rojos. Hay 8 coches rojos en el aparcamiento. ¿Cuántos coches negros hay?

Hay _________ coches negros en el aparcamiento.

1.OA.A.1

5. Rellena el número que falta.

$$7 + \square = 19$$

A. 7
B. 10
C. 12
D. 13

1.OA.A.1

DÍA 6

Desafío

Había 19 manzanas en una canasta. Holly se come 2 manzanas. Mike se come 4 manzanas. Jessica se come 3 manzanas. ¿Cuántas manzanas quedan en la canasta?

Hay _________ manzanas que quedan en la canasta.

1.OA.A.1

Esta semana vamos a resolver problemas de planteo que incluyen tres números enteros y vamos a practicar nuestras habilidades de suma.
Puede encontrar explicaciones detalladas en vídeo de cada problema del libro visitando ArgoPrep.com/ccm1

1. Hay 5 coches azules, 2 coches rojos y 3 coches verdes en el aparcamiento. ¿Cuántos coches hay en el aparcamiento?

Hay _________ coches en el aparcamiento.

1.OA.A.2

2. Hay 3 manzanas rojas, 7 manzanas amarillas y 4 manzanas verdes. ¿Cuántas manzanas hay en total?

$$3 + 7 + 4 = \square$$

A. 10
B. 13
C. 14
D. 17

1.OA.A.2

3. Resuelve para la casilla en blanco.

$$8 + \square + 3 = 13$$

A. 1
B. 2
C. 3
D. 5

1.OA.A.2

4. Resuelve para la casilla en blanco.

$$\square + 3 + 9 = 20$$

A. 4
B. 6
C. 7
D. 8

1.OA.A.2

5. Hay cuatro globos rojos, seis globos verdes y nueve globos blancos en la fiesta. ¿Cuántos globos hay en la fiesta en total?

Hay un total de _________ globos en la fiesta.

1.OA.A.2

6. ¿Qué número completa la oración numérica?

$$7 + 2 + \square = 16$$

A. 5
B. 7
C. 8
D. 10

1.OA.A.2

CONSEJO del DÍA

Las palabras "suma", "en total", y "ambos" son palabras clave que nos dicen que necesitamos usar la suma para resolver el problema.

1. En el jarrón hay 4 rosas rojas, 5 tulipanes y 7 claveles. ¿Cuántas flores hay en total en el jarrón?

$$4 + 5 + 7 = \boxed{}$$

A. 9
B. 15
C. 16
D. 17

1.OA.A.2

2. John tiene 6 galletas. Tom tiene 6 galletas. Bill tiene 4 galletas. ¿Cuántas galletas tienen en total?

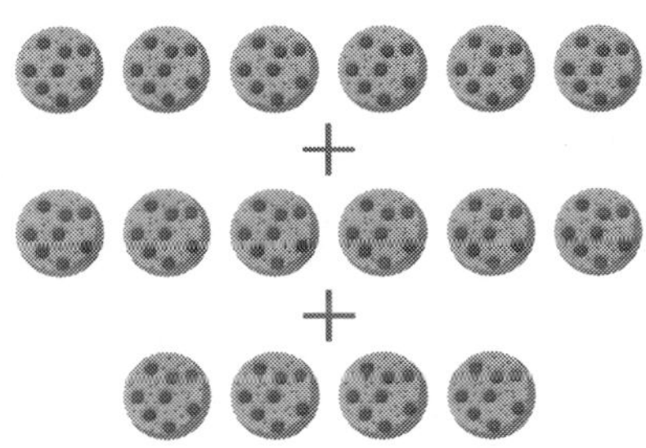

A. 12
B. 14
C. 16
D. 18

1.OA.A.2

3. Resuelve la casilla en blanco.

$$9 + \boxed{} + 2 = 20$$

A. 7
B. 9
C. 11
D. 16

1.OA.A.2

4. En un carrito de supermercado hay 11 naranjas, 3 manzanas y 4 melocotones. ¿Cuántas frutas hay en total en el carrito?

$$11 + 3 + 4 = \boxed{}$$

A. 13
B. 15
C. 18
D. 19

1.OA.A.2

5. ¿Qué número completa la frase numérica?

$$4 + 11 + \boxed{} = 15$$

A. 0
B. 1
C. 3
D. 6

1.OA.A.2

6. Julia tiene siete tarjetas de béisbol. Matt le da tres tarjetas de béisbol adicionales. Jacob le da a Julia cuatro tarjetas más de béisbol. ¿Cuántas tarjetas de béisbol tiene Julia en total?

A. 7
B. 10
C. 13
D. 14

1.OA.A.2

CONSEJO del DÍA

Las palabras «aumentado por», «ganar», «aumentar» y «más» son palabras clave que nos indican que debemos utilizar la suma para resolver el problema.

1. ¿Cuántos bloques de juguete ves en total?

+ +

A. 7
B. 10
C. 11
D. 13

1.OA.A.2

2. ¿Qué número completa la frase numérica?

$$6 + 1 + \boxed{} = 13$$

A. 4
B. 5
C. 6
D. 7

1.OA.A.2

3. Hay 18 pájaros. Tres se van volando. ¿Cuántos pájaros quedan?

_________ pájaros quedan.

.1.OA.A.2

4. Resuelve la casilla en blanco.

$$9 + \boxed{} + 1 = 20$$

A. 7
B. 8
C. 9
D. 10

1.OA.A.2

5. Jim coloca 8 canicas verdes en una bolsa. Tony coloca 4 canicas azules en la misma bolsa. Julie coloca 8 canicas amarillas en la misma bolsa. ¿Cuántas canicas hay ahora en la bolsa?

A. 10
B. 12
C. 18
D. 20

1.OA.A.2

6. Pablo compra 2 camisetas verdes, 7 amarillas y 3 grises. ¿Cuántas camisetas ha comprado Pablo en total?

Pablo compró _________ camisetas en total.

1.OA.A.2

CONSEJO del DÍA

Las palabras «más que», «suma» y «juntos» son palabras clave que nos indican que debemos utilizar la suma para resolver el problema.

1. Tim dibujó 10 triángulos. Luego borró 2 triángulos. ¿Cuántos triángulos quedan?

A. 2
B. 8
C. 10
D. 12

1.OA.A.2

2. Hay 6 motocicletas negras, 7 rojas y 3 blancas. ¿Cuántas motocicletas hay en total?

$$6 + 7 + 3 = \boxed{}$$

____

1.OA.A.2

3. ¿Cuántas llaves ves?

Hay _____________ llaves.

1.OA.A.2

4. ¿Qué número completa la oración numérica?

$$\boxed{} + 16 + 3 = 20$$

A. 0
B. 1
C. 2
D. 3

1.OA.A.2

5. Resuelve la casilla en blanco.

$$6 + \boxed{} + 3 = 11$$

A. 2
B. 4
C. 5
D. 7

1.OA.A.2

6. Chris tiene 5 peces azules, 3 peces naranjas y 2 peces verdes en su pecera. ¿Cuántos peces tiene en total?

A. 7
B. 8
C. 10
D. 12

1.OA.A.2

CONSEJO del DÍA

Las palabras «se fue», «se llevó» y «diferencia» son palabras clave que nos indican que debemos utilizar la resta para resolver el problema.

SEMANA 2 : DÍA 5

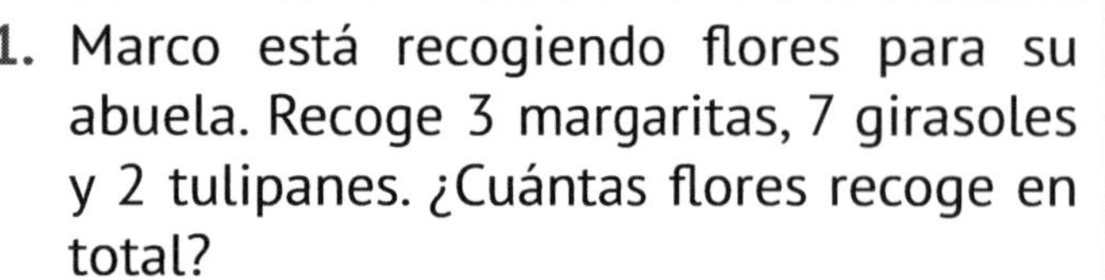

1. Marco está recogiendo flores para su abuela. Recoge 3 margaritas, 7 girasoles y 2 tulipanes. ¿Cuántas flores recoge en total?

   A. 10
   B. 11
   C. 12
   D. 13

   1.OA.A.2

4. La exposición de grandes felinos del zoo tiene 4 tigres, 2 leones y 10 leopardos. ¿Cuántos grandes felinos hay en total?

   A. 15
   B. 16
   C. 18
   D. 19

   1.OA.A.2

2. Juan vive en una granja. Su familia tiene 4 cabras, 9 ovejas y 3 vacas. ¿Cuántos animales tienen en total?

   A. 13
   B. 14
   C. 15
   D. 16

   1.OA.A.2

5. ¿Qué número completa la oración numérica?

$$11 + 1 + \boxed{} = 17$$

   A. 3
   B. 5
   C. 8
   D. 12

   1.OA.A.2

3. Jace está contando los dulces que recibió de truco o trato. Cuenta 6 paletas de cereza, 2 de naranja y 9 de uva. ¿Cuántas paletas tiene en total?

   A. 14
   B. 17
   C. 19
   D. 20

   1.OA.A.2

6. Resuelve lo siguiente.

$$14 + 3 + 2 = \boxed{}$$

   A. 16
   B. 17
   C. 19
   D. 20

   1.OA.A.2

DÍA 6
Desafío

Todas las aulas de primer grado de la escuela Douglass tienen mascotas. La clase del Sr. Watson tiene 7 hámsters. La clase de la Sra. Wong tiene 4 peces. La clase de la Sra. Taylor tiene 6 tortugas. ¿Cuántas mascotas hay en total?

Hay ______________ mascotas de clase en total.

1.OA.A.2

22

La semana 3 trata de aprender las propiedades de las operaciones. Aprenderemos la propiedad conmutativa y la propiedad asociativa de la suma.

Puede encontrar explicaciones detalladas en vídeo de cada problema del libro visitando ArgoPrep.com/ccm1

SEMANA 3 : DÍA 1

1. Completa el espacio en blanco:

$$8 + 6 = 8 + 2 + \square$$

- **A.** 2
- **B.** 3
- **C.** 4
- **D.** 6

1.OA.B.3

2. ▲ es un número misterioso. $5 + ▲ = 14$. ¿Cuánto es $▲ + 5$?

- **A.** 3
- **B.** 5
- **C.** 11
- **D.** 14

1.OA.B.3

3. Rellena el espacio en blanco.

$$9 + 3 = 9 + \square + 1$$

- **A.** 1
- **B.** 2
- **C.** 3
- **D.** 4

1.OA.B.3

4. $36 + 54 = 90$. ¿Cuánto es $54 + 36$?

____

1.OA.B.3

5. ¿Cuál de los siguientes es igual a

$$8 + 1 = 9?$$

- **A.** $1 + 7 = 8$
- **B.** $1 + 9 = 8$
- **C.** $8 + 0 = 8$
- **D.** $1 + 8 = 9$

1.OA.B.3

6. ¿Qué modelo tiene el mismo valor que

$$3 + 1?$$

- **A.** ○○○ + ○○
- **B.** ▲▲▲▲▲ + ▲▲▲
- **C.** ○ + ○○○
- **D.** ○○○ + ○○○

1.OA.B.3

CONSEJO del DÍA

Una forma divertida de aprender a contar hasta 100 es tener un frasco lleno de centavos. Cuenta 100 centavos y luego divide los centavos en grupos de 10.

24

SEMANA 3 : DÍA 2

1. ▲ es un número misterioso. 8+ ▲ = 12. ¿Cuánto es ▲ + 8 ?

A. 5
B. 7
C. 8
D. 12

1.OA.B.3

4. Completa el espacio en blanco:

$$12 + 8 = 12 + 4 + \square$$

A. 0
B. 4
C. 8
D. 12

1.OA.B.3

2. ¿Cuál de los siguientes es igual a

$$4 + 14 = 18?$$

A. 10 + 4 = 14
B. 14 + 18 = 32
C. 14 + 4 = 18
D. 18 + 0 = 18

1.OA.B.3

5. Completa el espacio en blanco:

$$19 + 11 = 19 + \square + 10$$

A. 1
B. 5
C. 11
D. 19

1.OA.B.3

3. 15 + 12 = 27. ¿Cuánto es 12 + 15?

____

1.OA.B.3

6. ■ es un número misterioso. ■ + 9 = 100. ¿Cuánto es 9 + ■ ?

A. 0
B. 8
C. 9
D. 100

1.OA.B.3

CONSEJO del DÍA

Siempre comprueba tus respuestas para evitar errores.

SEMANA 3 : DÍA 3

1. ¿Qué modelo tiene el mismo valor que

$$1 + 4?$$

A. 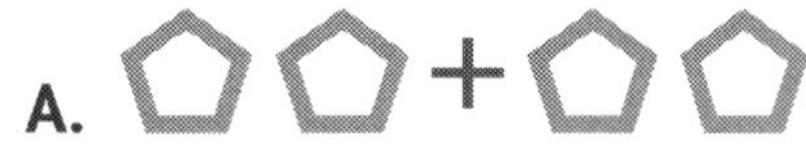

B.

C.

D.

1.OA.B.3

2. ■ es un número misterioso. ■ + 11 = 27. ¿Cuánto es 11 + ■ ?

A. 11
B. 16
C. 27
D. 38

1.OA.B.3

3. 12 + 11 = 23. ¿Cuánto es 11 + 12?

____

1.OA.B.3

4. ¿Cuál de los siguientes es igual a 9 + 10 = 19?

A. 1 + 9 = 10
B. 9 + 11 = 20
C. 5 + 10 = 15
D. 10 + 9 = 19

1.OA.B.3

5. Completa el espacio en blanco:

$$9 + 14 = 9 + 1 + \square$$

A. 1
B. 9
C. 13
D. 14

1.OA.B.3

6. Completa el espacio en blanco:

$$20 + 7 = 20 + \square + 2$$

A. 0
B. 3
C. 5
D. 20

1.OA.B.3

CONSEJO del DÍA

Nunca deja una pregunta en blanco en el examen. Si no sabes la respuesta, haz una conjetura.

26

SEMANA 3 : DÍA 4

1. ¿Cuál de los siguientes es igual a 83 + 10 = 93?

A. 50 + 20 = 70
B. 93 - 20 = 73
C. 10 + 83 = 93
D. 83 + 93 = 176

1.OA.B.3

2.  es un número misterioso. 40 + ⬡ = 43. ¿Cuánto es ⬡ + 40?

A. 3
B. 40
C. 43
D. 46

1.OA.B.3

3. 72 + 13 = 85. ¿Cuánto es 13 + 72?

____

1.OA.B.3

4. 12 + 7 + 10 = 29. ¿Cuánto es 10 + 7 + 12?

A. 7
B. 19
C. 12
D. 29

1.OA.B.3

5. Completa el espacio en blanco:

$$16 + 13 = 16 + \boxed{} + 0$$

A. 0
B. 5
C. 13
D. 16

1.OA.B.3

6. Completa el espacio en blanco:

$$29 + 11 = 29 + 3 + \boxed{}$$

A. 3
B. 8
C. 11
D. 29

1.OA.B.3

El método de sustituir y comprobar es una buena manera de resolver una pregunta de opciones múltiples cuando no estás seguro de cuál es la respuesta.

27

SEMANA 3 : DÍA 5

EVALUACIÓN

---

1. ▲ es un número misterioso. 24 + ▲ = 98.
   ¿Cuánto es ▲ + 24 ?

   A. 24
   B. 74
   C. 98
   D. 122

   1.OA.B.3

---

4. 14 + 19 = 33. ¿Cuánto es 19 + 14?

   ____

   1.OA.B.3

---

2. Completa el espacio en blanco:

   $$12 + 20 = 20 + 7 + \square$$

   A. 5
   B. 7
   C. 12
   D. 20

   1.OA.B.3

---

5. ■ es un número misterioso. ■ + 53 = 99.
   ¿Cuánto es 53 + ■ ?

   ____

   1.OA.B.3

---

3. ¿Cuál de los siguientes es igual a

   $$23 + 35 = 58?$$

   A. 35 + 23 = 58
   B. 23 + 45 = 68
   C. 13 + 30 = 43
   D. 20 + 5 = 25

   1.OA.B.3

---

6. 11 + 17 + 20 = 48.
   ¿Cuánto es 20 + 17 + 11?

   A. 11
   B. 17
   C. 20
   D. 48

   1.OA.B.3

DÍA 6

Desafío

● es un número misterioso. 23 + ● = 72.
¿Cuánto es ● + 23?

____

1.OA.B.3

La resta está relacionada con la suma. En la semana 4 aprenderemos sobre la resta como un problema de suma desconocida.

Puede encontrar explicaciones detalladas en vídeo de cada problema del libro visitando ArgoPrep.com/ccm1

SEMANA 4 : DÍA I

1. ¿Qué número puede completar AMBAS oraciones numéricas?

$$5 + \square = 11 \qquad 11 - 5 = \square$$

A. 3
B. 5
C. 6
D. 11

1.OA.B.4

2. Tamia necesita 10 manzanas para hacer una tarta. Ya tiene 5 manzanas. ¿Qué oración numérica muestra cuántas manzanas más necesita Tamia?

A. $10 - 5 = \square$

B. $10 + 5 = \square$

C. $\square - 10 = 5$

D. $10 + \square = 5$

1.OA.B.4

3. ¿Qué número puede completar AMBAS oraciones numéricas?

$$\square + 8 = 10 \qquad 10 - 8 = \square$$

Respuesta: _______________

1.OA.B.4

4. Puedes utilizar la frase numérica para hacer todas las siguientes frases numéricas nuevas, EXCEPTO...

A. $5 + 15 = 20$
B. $15 + 5 = 20$
C. $15 - 5 = 10$
D. $15 - 10 = 10$

1.OA.B.4

5. ▶ es un número misterioso. ▶ $+ 7 = 12$ ¿Cuánto es $12 -$ ▶ ?

A. 3
B. 5
C. 7
D. 12

1.OA.B.4

6. ▶ es un número misterioso. ▶ $+ 24 = 100$. ¿Cuánto es $100 -$ ▶ ?

____

1.OA.B.4

CONSEJO del DÍA

Intenta leer los problemas matemáticos en voz alta para que puedas escuchar el problema y pensar en lo que te pide.

1. Hay 23 alumnos en un aula. 14 de ellos son niñas. ¿Cuántos niños hay?

- **A.** 5
- **B.** 9
- **C.** 14
- **D.** 37

1.OA.B.4

2. ■ es un número misterioso. ■ + 42 = 97. ¿Cuánto es 97 - ■?

____

1.OA.B.4

3. Puedes usar la oración numérica para hacer todas las siguientes oraciones numéricas nuevas, EXCEPTO...

- **A.** 5 + 7 = 12
- **B.** 12 - 7 = 5
- **C.** 7 + 3 = 12
- **D.** 7 - 3 = 4

1.OA.B.4

4. Martin está comprando panecillos. Necesita comprar 22 bagels. Ya tiene 9 bagels en su bolsa. ¿Qué frase numérica muestra cuántos bagels más necesita comprar Martín?

- **A.** $22 + 9 = \square$
- **B.** $22 + \square = 9$
- **C.** $9 + \square = 22$
- **D.** $9 - \square = 22$

1.OA.B.4

5. ¿Qué número puede completar AMBAS oraciones numéricas?

$$7 + \square = 20 \qquad 20 - 7 = \square$$

- **A.** 3
- **B.** 7
- **C.** 13
- **D.** 27

1.OA.B.4

6. ¿Qué número puede completar AMBAS oraciones numéricas?

$$\square + 12 = 24 \qquad 24 - 12 = \square$$

Respuesta: _______________

1.OA.B.4

CONSEJO del DÍA

¡Aprender matemáticas puede ser divertido! Prueba a jugar al juego «Estoy pensando en un número...». Estoy pensando en un número que sea igual a 5 cuando se le suma a 3. ¿Cuál es el número?

1. ¿Qué número puede completar AMBAS frases numéricas?

$\square + 10 = 30$ $30 - 10 = \square$

____

1.OA.B.4

4. ▶ es un número misterioso. ▶ + 66 = 89
¿Cuánto es 89 - ▶ ?

____

1.OA.B.4

2. Puedes usar la oración numérica para hacer todas las siguientes oraciones numéricas nuevas, EXCEPTO...

A. $17 + 3 = 20$
B. $17 - 3 = 15$
C. $20 + 3 = 23$
D. $20 - 3 = 17$

1.OA.B.4

5. ¿Qué número puede completar AMBAS frases numéricas?

$7 + \square = 20$ $20 - 7 = \square$

A. 5
B. 7
C. 13
D. 15

1.OA.B.4

3. Hay 30 alumnos en la clase de la Sra. Smith. 12 de los estudiantes son niños. ¿Cuántas chicas hay?

____

1.OA.B.4

6. ■ es un número misterioso. ■ + 50 = 100
¿Cuánto es 100 - ■ ?

A. 25
B. 50
C. 75
D. 100

1.OA.B.4

CONSEJO del DÍA

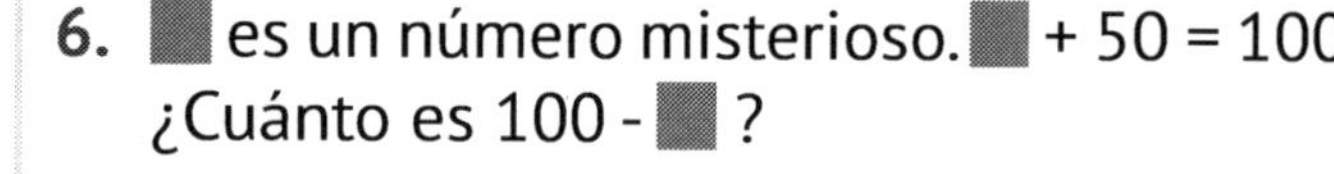

La resta está relacionada con la suma. Por ejemplo, 3 + 2 = 5, 5 - 2 = 3 y 5 - 3 = 2. Los mismos tres números están en todas las oraciones numéricas. La respuesta a un problema de resta se llama la diferencia.

1. Ella se comió 5 chocolates. Bryson también se comió algunos chocolates. En total se comieron 15 chocolates. ¿Qué frase numérica NO te ayudará a encontrar el número de chocolates que comió Bryson?

A. $15 - 5 = \square$

B. $5 + 15 = \square$

C. $5 + \square = 15$

D. $\square + 5 = 15$

1.OA.B.4

2. Susana está comprando naranjas. Necesita comprar 17 naranjas. Susana ya tiene 9 naranjas en su cesta. ¿Qué frase numérica muestra cuántas naranjas más necesita poner Susana en su cesta?

A. $17 + 9 = \square$

B. $9 + 17 = \square$

C. $17 - 5 = \square$

D. $17 - 9 = \square$

1.OA.B.4

3. ¿Qué número puede completar AMBAS oraciones numéricas?

$11 + \square = 13$　　　$13 - 11 = \square$

A. 0

B. 1

C. 2

D. 4

1.OA.B.4

4. Puedes usar la oración numérica para hacer todas las siguientes oraciones numéricas nuevas, EXCEPTO...

A. $11 + 9 = 20$

B. $20 - 9 = 11$

C. $15 + 3 = 17$

D. $15 - 3 = 12$

1.OA.B.4

5. ▶ es un número misterioso. ▶ $+ 40 = 80$. ¿Cuánto es $80 - ▶$?

A. 20

B. 40

C. 80

D. 100

1.OA.B.4

CONSEJO del DÍA

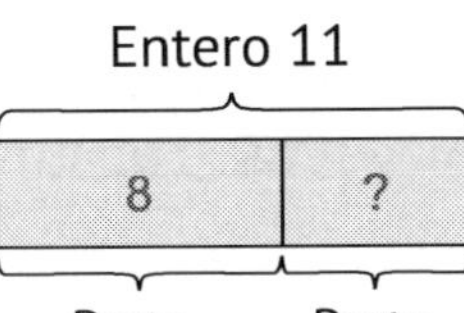

Cuando encuentres el número que falta en un problema de resta, piensa en usar un modelo de barra para encontrar la respuesta.

Resta para encontrar la parte 11 - 8 = 3

1. John se comió 3 manzanas. Lisa también comió algunas manzanas. En total se comieron 5 manzanas. ¿Qué frase numérica te ayudará a encontrar el número de manzanas que se comió Lisa?

A. $3 + 5 = \square$

B. $5 + \square = 3$

C. $3 + \square = 5$

D. $8 + 3 = \square$

1.OA.B.4

4. Puedes usar la oración numérica para hacer todas las siguientes oraciones numéricas nuevas, EXCEPTO...

A. $11 + 4 = 15$

B. $11 - 4 = 7$

C. $19 - 3 = 17$

D. $19 + 3 = 22$

1.OA.B.4

2. ■ es un número misterioso. ■ $+ 55 = 88$. ¿Cuánto es $88 - ■$?

A. 33

B. 55

C. 88

D. 143

1.OA.B.4

5. ¿Qué número puede completar AMBAS oraciones numéricas?

$$19 + \square = 24 \qquad 24 - 19 = \square$$

____

1.OA.B.4

3. ¿Qué número puede completar AMBAS oraciones numéricas?

$$\square + 20 = 35 \qquad 35 - 20 = \square$$

A. 10

B. 15

C. 20

D. 25

1.OA.B.4

6. ▶ es un número misterioso.
▶ $+ 71 = 100$. ¿Cuánto es $100 - ▶$?

____

1.OA.B.4

DÍA 6

Desafío

Hay 50 personas en el parque. 32 de ellas son niños. El resto son adultos. ¿Cuántos adultos hay en el parque?

Hay _____________ adultos en el parque.

1.OA.B.4

Prepárate para contar en la semana 5. Vamos a sumar y restar números dentro de 20.

Puede encontrar explicaciones detalladas en vídeo de cada problema del libro visitando ArgoPrep.com/ccm1

SEMANA 5 : DÍA 1

1. ¿Qué imagen muestra 9 + 3?

A. 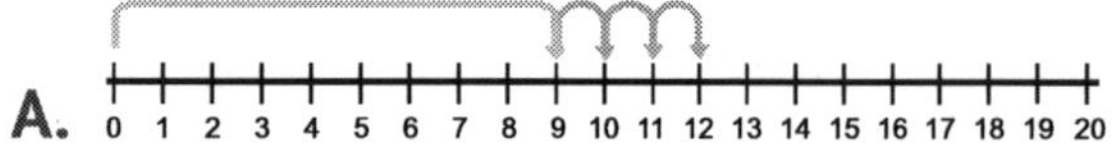

B. 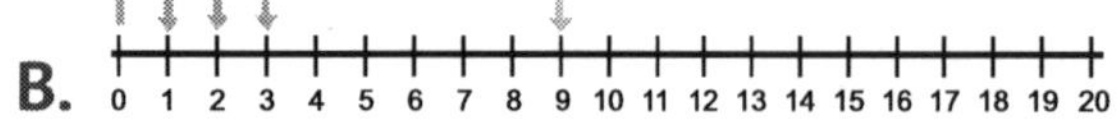

C. 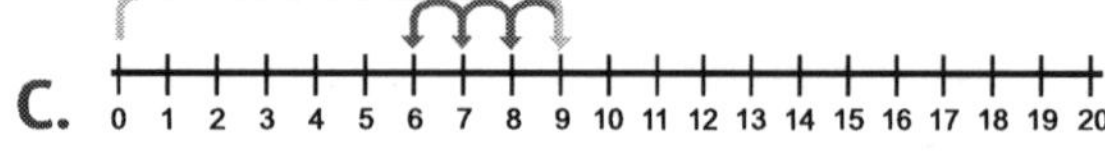

D. 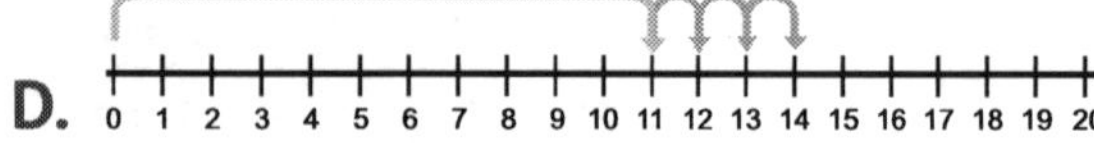

1.OA.C.5

2. Jake tiene 10 chicles. Cuenta 3 chicles y se los da a sus amigos. ¿Qué frase numérica muestra cuántos chicles le quedan a Jake?

A. 10 + 3 = 13
B. 10 - 3 = 7
C. 3 - 10 = 13
D. 3 + 7 = 10

1.OA.C.5

3. Maggie comienza en el número 16. Cuenta hacia adelante 5 más. ¿En qué número termina Maggie?

____

1.OA.C.5

4. Xavier comienza en el número 15. Cuenta hacia atrás 3. ¿En qué número termina Xavier?

____

1.OA.C.5

5. Alex está sumando 8 + 3. Debe empezar en el número _______ y contar 3 hacia adelante.

A. 0
B. 3
C. 5
D. 8

1.OA.C.5

6. James está restando 11 - 8. Debe comenzar en el número 11 y contar hacia atrás _______________________

A. 3
B. 5
C. 8
D. 11

1.OA.C.5

CONSEJO del DÍA

Cuando hagas diferentes tipos de problemas, tómate el tiempo para recordar los mismos tipos de problemas que hiciste antes.

1. Katie comienza en el número 21. Cuenta hacia atrás 7. ¿En qué número termina Katie?

A. 7
B. 10
C. 14
D. 18

1.OA.C.5

4. Luis tiene 12 naranjas. Da 4 de las naranjas a sus amigos. ¿Qué frase numérica muestra cuántas naranjas le quedan a Luis? _______________________

A. 12 + 4 = 16
B. 16 - 4 = 12
C. 12 - 16 = 4
D. 12 - 4 = 8

1.OA.C.5

2. Liza está sumando 12 + 9. Debe empezar en el número ______ y contar 9 hacia adelante.

A. 3
B. 9
C. 12
D. 21

1.OA.C.5

5. Ron empieza por el número 13. Cuenta hacia adelante 9 más. ¿En qué número termina Ron?

____

1.OA.C.5

3. Jeremy está restando 23 - 2. Debe empezar en el número 23 y contar hacia atrás _______________________ .

A. 2
B. 21
C. 23
D. 25

1.OA.C.5

6. Ashley comienza en el número 20. Cuenta 5 más. A continuación, cuenta hacia atrás 3. ¿En qué número termina Ashley?

A. 15
B. 22
C. 25
D. 28

1.OA.C.5

CONSEJO del DÍA

La respuesta a un problema de adición se llama «suma».
Por ejemplo, la suma de 3 + 2 es 5.
3 + 2 =5

SEMANA 5 : DÍA 3

1. Lindsey comienza en el número 30. Cuenta 7 más. A continuación, cuenta hacia atrás 4. ¿En qué número termina Lindsey?

A. 7
B. 33
C. 37
D. 41

1.OA.C.5

2. Miguel empieza por el número 19. Cuenta hacia adelante 7 más. ¿En qué número termina Miguel?

____

1.OA.C.5

3. Cory comienza en el número 15. Cuenta hacia atrás 13. ¿En qué número termina Cory?

____

1.OA.C.5

4. ¿Qué imagen muestra 8 + 4?

A. 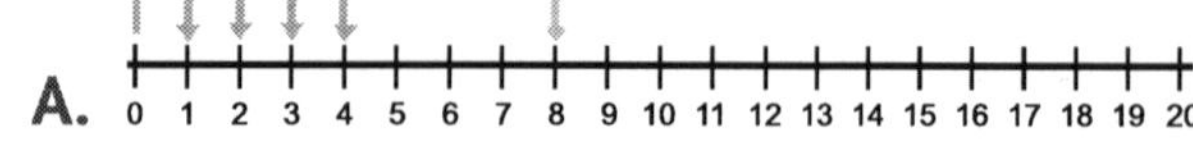

B. 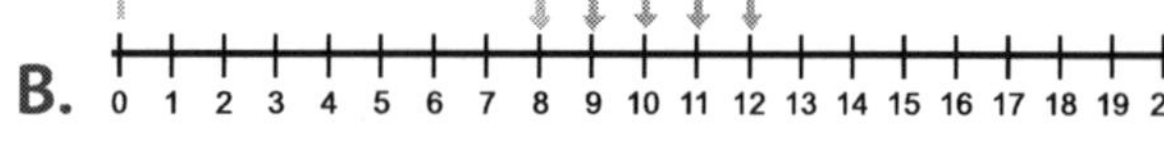

C. 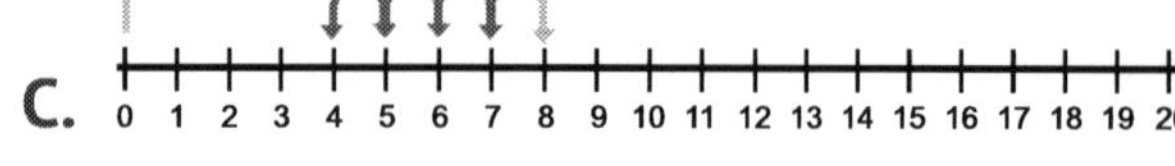

D. 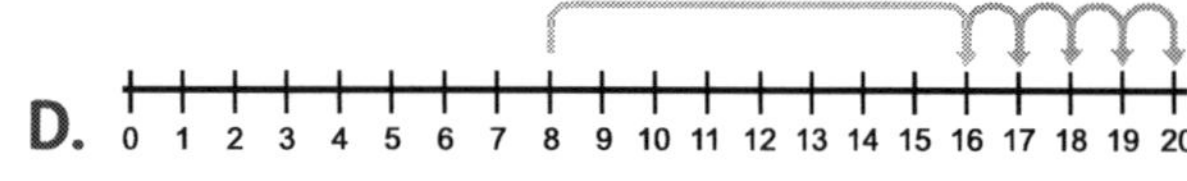

1.OA.C.5

5. Kate tiene 14 plátanos. Ella se come 3 de los plátanos. ¿Qué frase numérica muestra cuántos plátanos le quedan a Sara?

A. 14 - 3 = 11
B. 14 + 3 = 17
C. 17 + 3 = 20
D. 17 + 14 = 31

1.OA.C.5

6. Mira tiene 9 canicas. Cuenta 3 canicas y se las da a sus amigos. ¿Cuántas canicas le quedan a Mira?

____

1.OA.C.5

CONSEJO del DÍA

Al sumar dos números, puedes cambiar el orden y seguir obteniendo la misma respuesta. Por ejemplo, 4 + 1 = 1 + 4.

1. ¿Qué imagen muestra 13 - 5?

A. 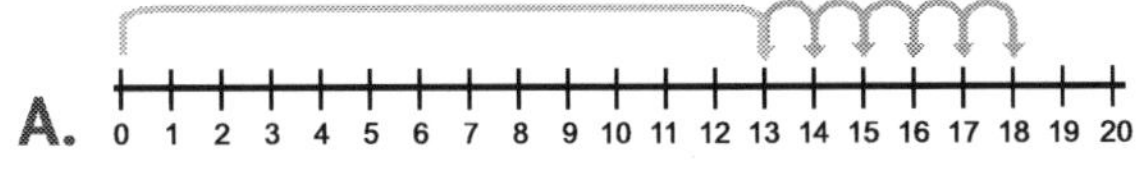

B. 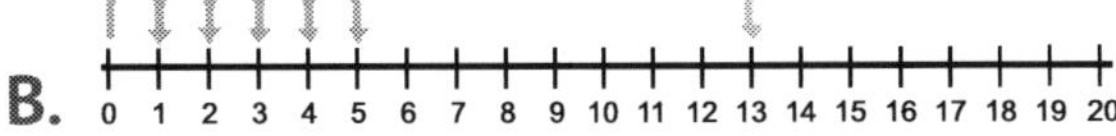

C. 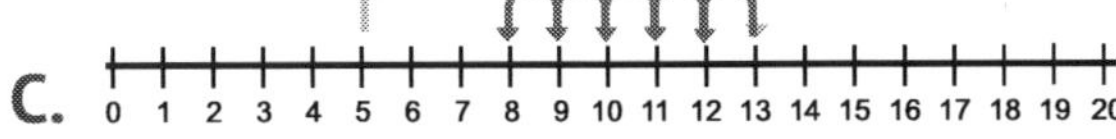

D. 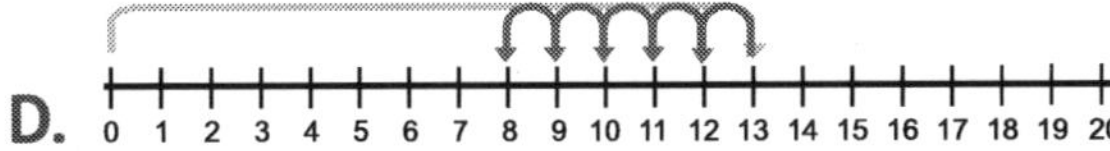

1.OA.C.5

4. Quedan 10 entradas de cine a la venta. La familia Smith compra 6 entradas de cine. ¿Qué afirmación muestra cuántas entradas de cine quedan a la venta?

A. 5 + 6 = 11
B. 10 + 6 = 16
C. 10 - 6 = 4
D. 6 + 4 = 10

1.OA.C.5

2. Si empiezo en el número 29 y cuento hacia atrás 4, ¿en qué número termino?

____

1.OA.C.5

5. Jerry comienza en el número 10. Cuenta hacia atrás 9. Luego cuenta hacia adelante 15. ¿En qué número termina Jerry?

____

1.OA.C.5

3. Si empiezo en el número 37 y cuento hasta el 9, ¿en qué número termino?

____

1.OA.C.5

6. Julie tiene 15 manzanas. Ella da 3 de las manzanas a sus amigos. Escribe una oración numérica que te ayude a resolver cuántas manzanas le quedan a Julie.

____

1.OA.C.5

CONSEJO del DÍA

Cuando sumas dos números, cuenta desde el número más grande hasta 10, y luego suma el resto del número menor. Para algunos, es más fácil sumar empezando con el 10.

Por ejemplo, 9 + 3 = 10 + 2 = 12.

SEMANA 5 : DÍA 5

1. Sam y Becca tienen un total de 15 melocotones. Becca tiene 10 melocotones. Escribe una frase numérica que te ayude a resolver cuántos melocotones tiene Sam.

____

1.OA.C.5

2. Si empiezo en el número 20 y cuento hacia atrás 8, ¿en qué número termino?

____

1.OA.C.5

3. Liza comienza en el número 24. Cuenta 8 más. Luego cuenta 8 hacia atrás. ¿En qué número termina Liza?

A. 8
B. 16
C. 24
D. 32

1.OA.C.5

4. La Sra. Dale tiene 20 lápices. Cuenta 7 lápices y se los da a sus alumnos. ¿Cuántos lápices le quedan a la Sra. Dale?

A. 7
B. 12
C. 13
D. 27

1.OA.C.5

5. Michelle tiene 8 porciones de pizza y regala 6 porciones a sus amigos. ¿Qué frase numérica muestra cuántas porciones le quedan a Michelle para ella sola?

A. $6 + 8 = 14$
B. $14 - 6 = 8$
C. $14 - 8 = 6$
D. $8 - 6 = 2$

1.OA.C.5

6. Si empiezo en el número 15 y cuento hacia adelante 7, ¿en qué número termino?

____

1.OA.C.5

DÍA 6
Desafío

Katy comienza en el número 35. Cuenta hacia adelante 5 más. Luego cuenta hacia atrás 6. A continuación, cuenta hacia atrás 6 más. ¿En qué número termina Katy?

____

1.OA.C.5

En la semana 6 aprenderemos los SECRETOS de cómo sumar y restar números de manera más eficiente. Crearemos números equivalentes pero más fáciles de trabajar para ayudarnos a resolver cualquier problema de suma o resta.

---

1. 8 + 9 = 8 + 8 + 1 =

A. 16
B. 17
C. 18
D. 19

1.OA.C.6

---

4. ¿Cuánto es 11 + 8?

____

1.OA.C.6

---

2. 14 - 7 = 14 - 4 - 3 =

A. 5
B. 7
C. 8
D. 9

1.OA.C.6

---

5. ¿Cuánto es 19 - 14 =

____

1.OA.C.6

---

3. 8 + 3 = ?

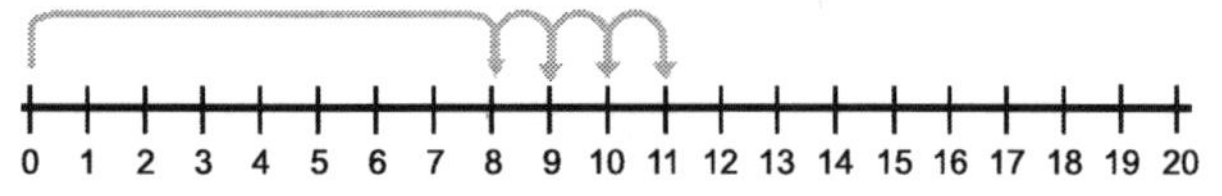

A. 6
B. 8
C. 10
D. 11

1.OA.C.6

---

6. Miguel ve 8 bizcochos. Kim ve 6 bizcochos. ¿Cuántos bizcochos vieron los dos juntos?

_______________________ bizcochos

1.OA.C.6

CONSEJO del DÍA

Al reagrupar en la suma, asegúrate de recordar que 10 unidades forman una nueva «decena».

1. Michelle tiene 4 calcetines azules y 2 negros. ¿Cuántos calcetines tiene Michelle en total?

_________________________ calcetines

1.OA.C.6

4. ¿Cuánto es 20 - 12 = ?

____

1.OA.C.6

2. 9 + 3 = 9 + 1 + 2

A. 10
B. 11
C. 12
D. 13

1.OA.C.6

5. Jack tiene 3 gatos y 1 perro. Lucy tiene 4 perros y 2 gatos. ¿Cuántos animales en total tienen Jack y Lucy juntos?

Jack y Lucy tienen __________ animales.

1.OA.C.6

3. ¿Cuánto es 15 + 3 = ?

____

1.OA.C.6

6. Samantha está preparando un pastel. Tiene 2 manzanas verdes, 3 manzanas amarillas y 3 manzanas rojas. ¿Cuántas manzanas tiene Samantha para el pastel?

Samantha tiene __________ manzanas para su pastel

1.OA.C.6

CONSEJO del DÍA

Al reagrupar en la resta, asegúrate de ir al valor posicional de la izquierda para reagrupar. Por ejemplo, si necesitas más decenas para restar, reagrupa al ir al valor posicional de las centenas.

1. 13 + 7 = 13 + 2 + 5 =

- **A.** 17
- **B.** 18
- **C.** 19
- **D.** 20

1.OA.C.6

4. ¿Cuánto es 13 - 7 = ?

____

1.OA.C.6

2. 15 - 8 = 15 - 5 - 3 =

- **A.** 3
- **B.** 6
- **C.** 7
- **D.** 10

1.OA.C.6

5. Cindy tiene 6 canicas. Lia tiene 3 canicas más que Cindy. ¿Cuántas canicas tiene Lia?

Lia tiene ____________ canicas.

1.OA.C.6

3. ¿Cuánto es 14 + 6 = ?

____

1.OA.C.6

6. Una tienda tenía 20 bicicletas a la venta. Se vendieron tres de las bicicletas. ¿Cuántas bicicletas quedan?

____________ quedan bicicletas.

1.OA.C.6

Puedes cambiar los números de una oración de suma para hacer una oración de resta. Por ejemplo, si 14 + 16 = 30, entonces haz una frase de resta que diga 30 - 16 = 14, o 30 - 14 = 16. La suma y la resta se llaman operaciones inversas.

1. ¿Cuánto es 15 - 3 = ?

____

1.OA.C.6

4. 18 - 11 = 18 - 8 - 3 =

   A. 5
   B. 7
   C. 9
   D. 11

1.OA.C.6

2. Harry tiene 12 globos. 5 son azules y el resto son amarillos. ¿Cuántos globos son amarillos?

______________ globos son amarillos.

1.OA.C.6

5. 7 + 9 = 7 + 3 + 6 =

   A. 10
   B. 14
   C. 16
   D. 20

1.OA.C.6

3. ¿Cuánto es 3 + 9 = ?

   A. 11
   B. 12
   C. 13
   D. 14

1.OA.C.6

6. Hay 7 ranas en un estanque y 4 ranas en un tronco. ¿Cuántas ranas hay en total?

   A. 9
   B. 10
   C. 11
   D. 12

1.OA.C.6

CONSEJO del DÍA

8 + 3 = 11
¡Convierte esto en una oración de resta!

1. $14 - 6 = 14 - 4 - 2 =$

A. 8
B. 10
C. 12
D. 14

4. Lisa hizo 14 magdalenas. Ha regalado 4 de las magdalenas a su familia. ¿Cuántas magdalenas le quedan a Lisa?

A Lisa le quedan __________ magdalenas.

1.OA.C.6

2. $12 + 5 = 12 + 3 + 2 =$

A. 15
B. 17
C. 18
D. 20

1.OA.C.6

5. $11 + 7 = ?$

A. 14
B. 16
C. 17
D. 18

1.OA.C.6

3. La Sra. Gron planta 8 semillas en su jardín. La Sra. Ria planta 11 semillas en su jardín. ¿Cuántas semillas en total se plantaron en ambos jardines?

__________ semillas fueron plantadas en ambos jardines.

1.OA.C.6

6. $13 - 4 = ?$

A. 11
B. 10
C. 9
D. 8

1.OA.C.6

DÍA 6

Desafío

Harry se comió 2 trozos de pizza. Su hermano comió más que él. En total, comieron 5 porciones de pizza. ¿Cuántas porciones comió el hermano de Harry?

El hermano de Harry se comió __________ rebanadas de pizza.

1.OA.C.6

La semana 7 trata de entender el significado del signo igual.

Puede encontrar explicaciones detalladas en vídeo de cada problema del libro visitando ArgoPrep.com/ccm1

SEMANA 7 : DÍA 1

1. ¿Cuál de estas afirmaciones es FALSA?

  A. 0 + 3 = 3
  B. 4 + 2 = 6
  C. 9 - 7 = 2
  D. 5 - 3 = 3

1.OA.D.7

2. ¿Cuál de estas afirmaciones es FALSA?

  A. 3 - 1 = 2
  B. 7 - 3 = 5
  C. 6 + 3 = 9
  D. 10 + 4 = 14

1.OA.D.7

3. ¿Cuál de estas afirmaciones es VERDADERA?

  A. 10 - 3 = 8
  B. 5 - 2 = 4
  C. 9 - 4 = 5
  D. 7 + 3 = 11

1.OA.D.7

4. ¿Cuál de estas afirmaciones es VERDADERA?

  A. 14 - 7 = 6
  B. 8 + 3 = 12
  C. 4 + 3 = 6
  D. 5 + 6 = 11

1.OA.D.7

5. Zang y Colby tienen el mismo número de hermanos. Zang tiene 4 hermanos. ¿Cuántos hermanos tiene Colby?

Colby tiene _____________ hermanos

1.OA.D.7

6. En una canasta hay manzanas verdes y rojas. El número de manzanas verdes es igual al número de manzanas rojas. Hay 14 manzanas verdes. ¿Cuántas manzanas rojas hay?

Hay _____________ manzanas rojas en la canasta.

1.OA.D.7

CONSEJO del DÍA

Asegúrate siempre de releer los problemas de planteo y de subrayar la información relevante.

1. ¿Cuál de estas afirmaciones es VERDADERA?

A. $4 + 6 = 9$
B. $7 + 2 = 8$
C. $1 + 8 = 9$
D. $9 - 4 = 2$

1.OA.D.7

4. $10 =$ 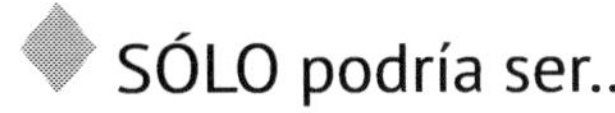

◆ SÓLO podría ser...

A. $5 + 4$
B. $10 - 1$
C. $5 + 5$
D. $7 + 4$

1.OA.D.7

2. ¿Cuál de estas afirmaciones es FALSA?

A. $9 + 3 = 12$
B. $7 - 2 = 4$
C. $8 + 3 = 11$
D. $11 - 5 = 6$

1.OA.D.7

5. Patsy y Joe tienen el mismo número de camiones de juguete. Patsy tiene 8 camiones. ¿Cuántos camiones tiene Joe?

Joe tiene _________ camiones.

1.OA.D.7

3. ¿Qué símbolo muestra que dos cantidades son iguales?

A. $+$
B. $-$
C. $=$
D. $>$

1.OA.D.7

6. ¿Cuál de estas afirmaciones es FALSA?

A. $4 + 2 = 6$
B. $11 + 9 = 20$
C. $3 - 1 = 2$
D. $19 - 7 = 13$

1.OA.D.7

CONSEJO del DÍA

Pon atención a las palabras clave como VERDADERO o FALSO.

1. ¿Cuál de estas afirmaciones es VERDADERA?

- **A.** 5 + 6 = 10
- **B.** 7 + 2 = 9
- **C.** 8 - 2 = 4
- **D.** 9 + 9 = 16

1.OA.D.7

2. ¿Cuál de estas afirmaciones es FALSA?

- **A.** 9 + 10 = 19
- **B.** 20 - 8 = 13
- **C.** 15 + 4 = 19
- **D.** 19 - 2 = 17

1.OA.D.7

3. ¿Cuál de estas afirmaciones es VERDADERA?

- **A.** 11 + 3 = 13
- **B.** 13 - 2 = 10
- **C.** 10 - 4 = 7
- **D.** 18 - 9 = 9

1.OA.D.7

4. 15 = ◆

◆ SÓLO podría ser...

- **A.** 3 + 3
- **B.** 7 - 2
- **C.** 10 + 5
- **D.** 9 - 2

1.OA.D.7

5. Jessica y Brie tienen el mismo número de gatos. Jessica tiene 3 gatos. ¿Cuántos gatos tiene Brie?

Brie tiene _______________ gatos.

1.OA.D.7

6. ◆ = 17

◆ SÓLO podría ser...

- **A.** 17 - 5
- **B.** 5 + 6
- **C.** 19 - 2
- **D.** 10 + 2

1.OA.D.7

CONSEJO del DÍA

Esta semana se trata del signo igual. Cuando decimos que dos números son iguales, significa que ambos tienen el mismo valor.

1. Hay bolígrafos y lápices en el escritorio. El número de bolígrafos es igual al número de lápices. Hay 12 lápices. ¿Cuántos bolígrafos hay?

Hay _______________ bolígrafos en el escritorio.

1.OA.D.7

2. ◆ = 13

◆ SÓLO podría ser...

A. 3 + 7
B. 10 + 3
C. 9 + 2
D. 19 3

1.OA.D.7

3. ¿Cuál de las siguientes afirmaciones es VERDADERA?

A. 9 - 2 = 6
B. 19 - 9 = 10
C. 8 - 3 = 4
D. 5 + 2 = 8

1.OA.D.7

4. ¿Cuál de las siguientes afirmaciones es FALSA?

A. 10 - 2 = 7
B. 15 + 5 = 20
C. 7 + 7 = 14
D. 13 - 4 = 9

1.OA.D.7

5. ■ = 19 + 1

■ SÓLO podría ser...

A. 18 - 2
B. 15 + 5
C. 7 + 3
D. 9 - 2

1.OA.D.7

6. ◤ = 15 - 4

◤ SÓLO podría ser...

A. 10 + 3
B. 12 + 8
C. 7 - 2
D. 6 + 5

1.OA.D.7

CONSEJO del DÍA

Observa esta oración numérica y completa el espacio en blanco para que sea verdadera.

$$15 = \_\_$$

51

SEMANA 7 : DÍA 5

1. ¿Cuál de las siguientes afirmaciones es VERDADERA?

- **A.** $17 + 2 = 19$
- **B.** $13 - 4 = 8$
- **C.** $4 + 3 = 6$
- **D.** $11 - 2 = 8$

1.OA.D.7

2. ¿Cuál de las siguientes afirmaciones es FALSA?

- **A.** $14 - 4 = 10$
- **B.** $7 + 4 = 11$
- **C.** $10 - 2 = 7$
- **D.** $19 + 1 = 20$

1.OA.D.7

3. ⬤ $= 4 + 3$

⬤ SÓLO podría ser...
- **A.** $3 + 2$
- **B.** $10 - 3$
- **C.** $1 + 3$
- **D.** $10 - 1$

1.OA.D.7

4. Miguel compró globos azules y rojos para la fiesta. El número de globos azules es igual al número de globos rojos que compró Miguel. Hay 12 globos rojos. ¿Cuántos globos azules compró Miguel?

Miguel compró _______________ globos azules.

1.OA.D.7

5. ◆ $= 2$

◆ SÓLO podría ser...
- **A.** $10 - 8$
- **B.** $4 + 1$
- **C.** $2 + 1$
- **D.** $5 - 2$

1.OA.D.7

6. ¿Cuál de las siguientes afirmaciones es FALSA?

- **A.** $1 + 2 = 3$
- **B.** $19 - 3 = 16$
- **C.** $10 - 2 = 7$
- **D.** $11 + 9 = 20$

1.OA.D.7

DÍA 6
Desafío

Crea tu propia frase numérica que sea verdadera.
Por ejemplo: $7 + 6 = 13$

_____ + _____ = _____

1.OA.D.7

52

En la semana 8 averiguaremos un número desconocido al sumar o restar tres números enteros.

Puede encontrar explicaciones detalladas en vídeo de cada problema del libro visitando ArgoPrep.com/ccm1

1. Determinar el número entero desconocido:

$$8 + \underline{\hspace{2cm}} = 13$$

A. 3
B. 4
C. 5
D. 6

1.OA.D.8

2. ¿Cuál es el número que falta en la ecuación $17 - \underline{\hspace{2cm}} = 10$?

A. 6
B. 7
C. 5
D. 8

1.OA.D.8

3. ¿Cuántas flores hay en una caja?

A. 4
B. 6
C. 8
D. 9

1.OA.D.8

4. Determina el número entero desconocido:

$$\underline{\hspace{2cm}} + 7 = 13$$

A. 5
B. 6
C. 7
D. 8

1.OA.D.8

5. ¿Cuántos gatos se fueron?

$$12 \text{ gatos} - ? = 4 \text{ gatos}$$

Respuesta: __________ gatos

1.OA.D.8

6. ¿Qué es $17 - 3 = \underline{\hspace{2cm}}$?

A. 15
B. 14
C. 13
D. 12

1.OA.D.8

CONSEJO del DÍA

Utiliza las canicas para ayudarte a visualizar la resta.

SEMANA 8 : DÍA 2

1. Determina el número entero desconocido:

$$\underline{\hspace{2cm}} - 8 = 9$$

A. 20
B. 19
C. 18
D. 17

1.OA.D.8

2. Rebeca tiene un total de 18 globos. Rebeca tiene 6 globos rojos y el resto de los globos son azules. ¿Cuántos globos azules tiene Rebeca?

A. 11   C. 13
B. 12   D. 14

1.OA.D.8

3. Determina el número entero desconocido

$$12 + \underline{\hspace{2cm}} = 19?$$

A. 5
B. 6
C. 7
D. 8

1.OA.D.8

4. ¿Cuántas casillas están sombreadas?

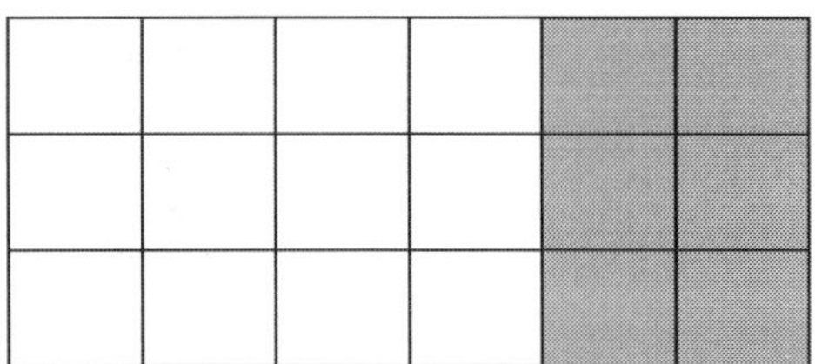

Respuesta: _____________ cuadrados

1.OA.D.8

5. ¿Cuánto es 15 - 8 = _______ ?

A. 4
B. 5
C. 6
D. 7

1.OA.D.8

6. ¿Cuál es el número que falta en la ecuación

$$14 = 11 + \underline{\hspace{2cm}} ?$$

A. 2
B. 3
C. 4
D. 5

1.OA.D.8

CONSEJO del DÍA

El método de sustituir y comprobar es una estrategia útil cuando te quedas atascado en un problema de opciones múltiples. ¿Conoces el método de sustituir y comprobar?

SEMANA 8 : DÍA 3

1. ¿Cuántas paletas hay que quitar para obtener 9 paletas?

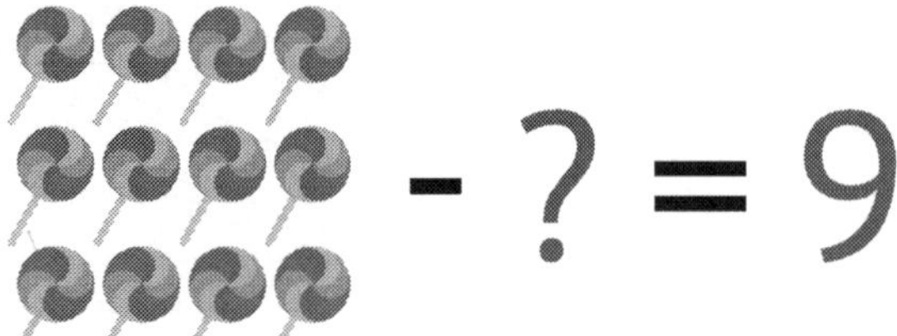

A. 1
C. 3
B. 2
D. 4

1.OA.D.8

2. Zacarías y Enrique tienen 12 manzanas en total. Zacarías tiene 5 manzanas. ¿Cuántas manzanas tiene Enrique?

Respuesta: _______ manzanas

1.OA.D.8

3. Determina el número entero desconocido

$$14 = \underline{\hspace{2cm}} + 6?$$

A. 8
B. 7
C. 6
D. 5

1.OA.D.8

4. ¿Cuál es el número que falta en la ecuación $16 - \underline{\hspace{1.5cm}} = 8$?

A. 9
B. 8
C. 7
D. 6

1.OA.D.8

5. ¿Cuántos pájaros se fueron volando?

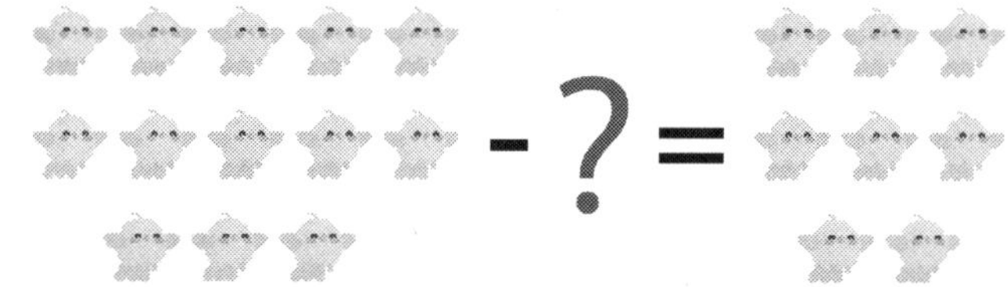

A. 2
B. 3
C. 4
D. 5

1.OA.D.8

6. ¿Cuál es el número que falta en la ecuación $13 + \underline{\hspace{1.5cm}} = 19$

Respuesta: _______________________

1.OA.D.8

CONSEJO del DÍA

Cuando no entiendas una pregunta, dibuja un recuadro alrededor de la pregunta para poder pedir ayuda a tu maestro o a tus padres.

1. En una caja hay 12 lápices. ¿Cuántos lápices hay que sumar para tener 18?

$+\ ?\ =18$

Respuesta: ______________ lápices

1.OA.D.8

2. ¿Cuál es el número que falta en la ecuación ________ $= 11 - 4$?

A. 8
B. 7
C. 6
D. 5

1.OA.D.8

3. Determina el número entero desconocido

$$3 + \text{\_\_\_\_\_\_\_} = 15$$

A. 10
B. 11
C. 12
D. 13

1.OA.D.8

4. Había 5 conejos negros, 3 conejos blancos y algunos conejos marrones. El número total de conejos es 11. ¿Cuántos conejos marrones hay?

$+\ +\ ?\ =11$

A. 2
B. 3
C. 4
D. 5

1.OA.D.8

5. Cuál es el número que falta en la ecuación

$$7 + \text{\_\_\_\_\_\_\_} = 16.$$

Respuesta: ____________________

1.OA.D.8

6. Pon un número en la casilla para que la frase numérica sea verdadera.

$$\text{\_\_\_\_\_\_\_} + 6 = 11$$

1.OA.D.8

CONSEJO del DÍA

Cuanto más sigas practicando este tipo de preguntas, desarrollarás un mayor sentido del cálculo matemático mental. ¡Sigue trabajando bien!

1. Se han comprado 14 peces y se han colocado en dos acuarios. En el primer acuario hay 6 peces. ¿Cuántos peces hay en el segundo acuario?

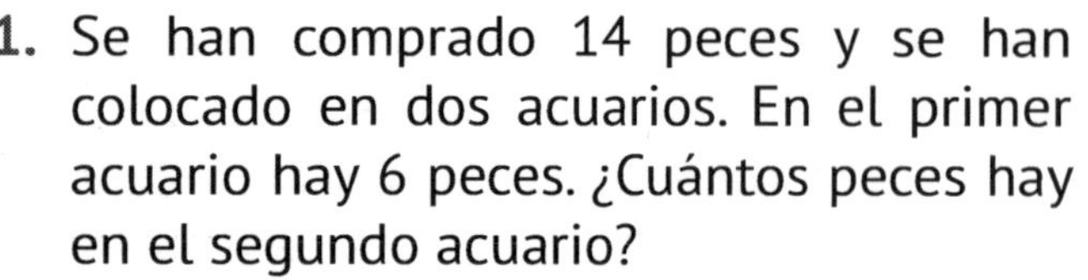

A. 9
B. 8
C. 7
D. 6

1.OA.D.8

2. Determina el número entero desconocido:

$$15 - \underline{\hspace{2cm}} = 6?$$

A. 9
B. 8
C. 7
D. 6

1.OA.D.8

3. Completa el cuadro para que la frase numérica sea verdadera.

$$\underline{\hspace{2cm}} + 7 = 11$$

1.OA.D.8

4. Hay 12 bancos en el parque infantil. Cinco de ellos son verdes y los otros bancos son amarillos. ¿Cuántos bancos amarillos hay en el parque infantil?

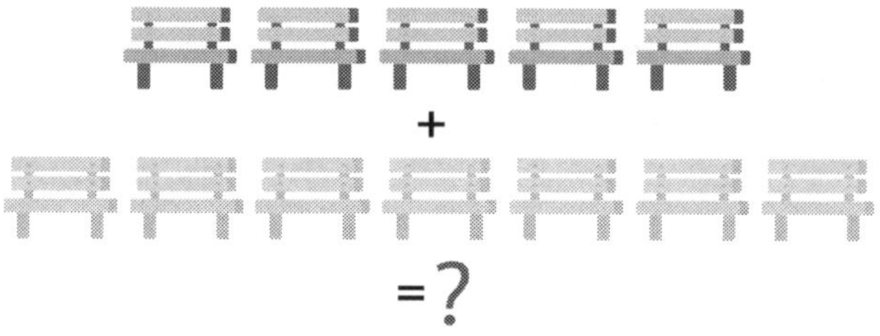

Respuesta: _______________

1.OA.D.8

5. Determina el número entero desconocido:

$$\underline{\hspace{2cm}} = 18 - 7$$

A. 10
B. 11
C. 12
D. 13

1.OA.D.8

6. Kollin pensó en el número que sumado al 8 da 15. ¿En qué número pensó Kollin?

A. 4
B. 5
C. 6
D. 7

1.OA.D.8

DÍA 6

Desafío

Determina el número entero desconocido en esta ecuación para que sea igual.

$$6 + 13 = 8 + \underline{\hspace{2cm}}$$

1.OA.D.8

SEMANA 9

En la novena semana nos ponemos manos a la obra. Contaremos hasta el número 120.
Puede encontrar explicaciones detalladas en vídeo de cada problema del libro visitando
ArgoPrep.com/ccm1

1. Completa el patrón numérico:

_______   1,845   1,855   1,865

A. 1,825
B. 1,835
C. 1,836
D. 1,875

1.NBT.A.1

2. ¿Qué número muestra el modelo?

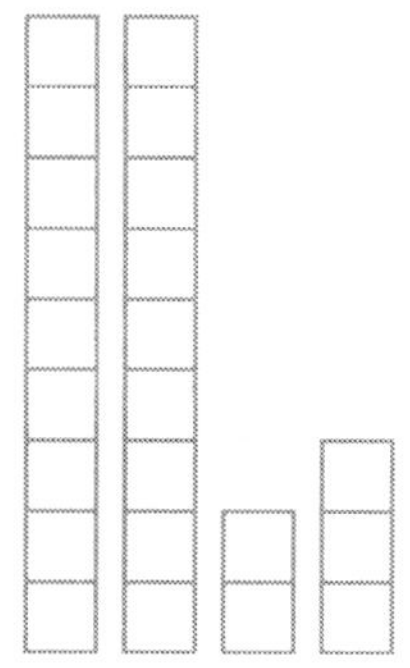

A. 22
B. 23
C. 24
D. 25

1.NBT.A.1

3. ¿Cómo se escribe los números 3 y 4 en palabras? Selecciona la opción de respuesta correcta.

A. Dos y Nueve
B. Tres y cuatro
C. Diez y uno
D. Siete y ocho

1.NBT.A.1

4. ¿Qué imagen muestra 20 manzanas?

A. 

B. 

C. 

D. 

1.NBT.A.1

5. Encuentra el número que falta y escríbelo en el recuadro de abajo.

1	2	3	4	5	6	7	8	9	10
11	12	13	14	15	16	17	18	19	20
21	22	23	24	25	26	27	28	29	30
31	32	33	34	35	36	37	38	39	40
41	42	43		45	46	47	48	49	50
51	52	53	54	55	56	57	58	59	60
61	62	63	64	65	66	67	68	69	70
71	72	73	74	75	76	77	78	79	80
81	82	83	84	85	86	87	88	89	90
91	92	93	94	95	96	97	98	99	100

____

1.NBT.A.1

CONSEJO del DÍA

¡Resolver una pregunta de patrón puede ser muy divertido! Busca cuidadosamente el patrón que ocurre con cada número. 4, 6, 8, ... Puedes ver que cada número aumenta en 2. Por lo tanto, para resolver el número que falta, podemos sumar el número 8 al 2 para obtener 10.

1. ¿Cuántas galletas ves?

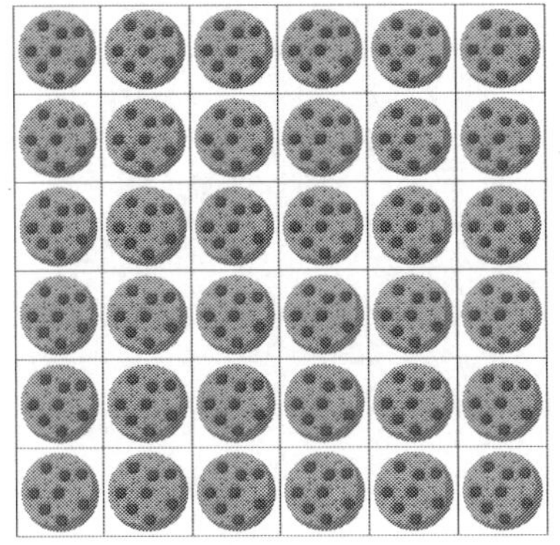

A. 20

B. 35

C. 36

D. 40

1.NBT.A.1

2. Cuenta cuántos perros ves en la imagen y luego selecciona la opción de respuesta correcta.

A. Ocho

B. Nueve

C. Diez

D. Once

1.NBT.A.1

3. Cuenta por uno o por diez para encontrar la suma:

$$45 + 5 = \boxed{}$$

A. 47

B. 49

C. 50

D. 70

1.NBT.A.1

4. ¿Qué oración de suma muestra la imagen de abajo?

A. 3 + 3 = 6

B. 4 + 2 = 5

C. 4 + 3 = 7

D. 4 + 3 = 5

1.NBT.A.1

5. Si tomas el número 9 y lo sumas al número 10, ¿qué número tendrás?

A. 17

B. 19

C. 29

D. 39

1.NBT.A.1

CONSEJO del DÍA

Sigamos jugando al juego «Estoy pensando en un número...» Estoy pensando en un número que sea igual a 8 cuando se le suma a 1. ¿Cuál es el número?

1. Cuenta el número de círculos de la imagen y escribe tu respuesta en el cuadro de texto que aparece a continuación.

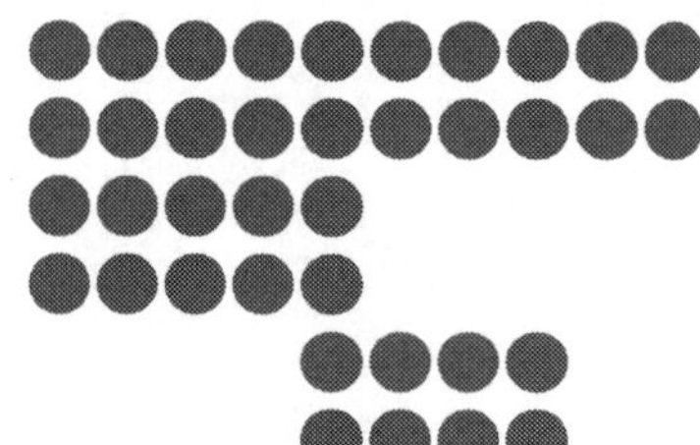

____

1.NBT.A.1

2. Empezando por 80, cuenta hacia adelante los siguientes 8 números. ¿Qué obtendrás?

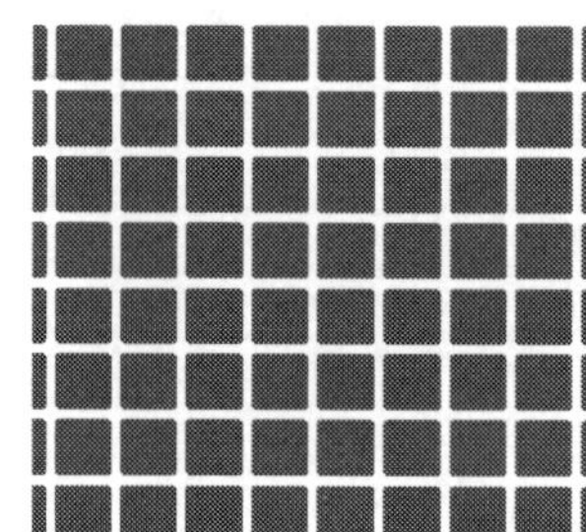

A. 79
B. 87
C. 88
D. 90

1.NBT.A.1

3. ¿Cuál es el número total de frutas en la imagen de abajo?

A. 6
B. 4
C. 3
D. 2

1.NBT.A.1

4. ¿Cuál es el número total de animales que aparecen en las imágenes de abajo?

A. 8
B. 9
C. 12
D. 15

1.NBT.A.1

5. ¿Qué número muestra el modelo de abajo?

A. 20
B. 22
C. 23
D. 25

1.NBT.A.1

CONSEJO del DÍA

Practicar tus habilidades matemáticas sólo 15 minutos al día en tu casa te beneficiará mucho a largo plazo.

SEMANA 9 : DÍA 4

1. Cuenta por diez y encuentra la suma de

$$20 + 80 + 10 = \boxed{}$$

- **A.** 100
- **B.** 105
- **C.** 110
- **D.** 120

1.NBT.A.1

2. ¿Qué oración de suma se muestra en el siguiente dibujo?

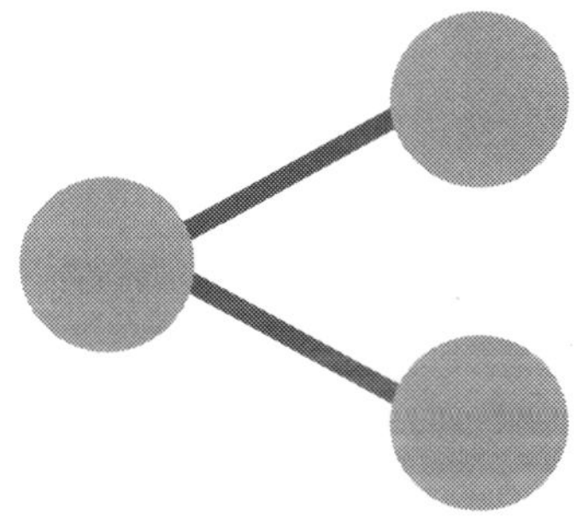

- **A.** 1 + 1 = 2
- **B.** 1 + 2 = 3
- **C.** 3 + 1 = 4
- **D.** 2 + 2 = 4

1.NBT.A.1

3. Completa el patrón numérico y escribe tu respuesta en el siguiente cuadro de texto:

4,000   4,010   _______   4,030

____

1.NBT.A.1

4. ¿Cuántas estrellas aparecen en la imagen que se muestra a continuación?

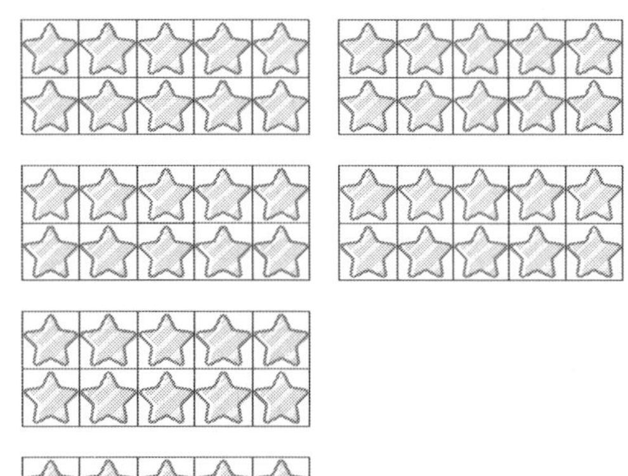

- **A.** 40
- **B.** 50
- **C.** 60
- **D.** 75

1.NBT.A.1

5. ¿Cuántos coches aparecen en la imagen de abajo? Cuenta de cinco en cinco o de uno en uno y encuentra la suma.

- **A.** 15
- **B.** 16
- **C.** 17
- **D.** 20

1.NBT.A.1

CONSEJO del DÍA

¡Contemos de cinco en cinco! Cuenta hasta el número 100 en grupos de 5. Aquí tienes los primeros números para empezar. 5, 10, 15, 20, 25, 30... Termina el resto, ¡puedes hacerlo!

SEMANA 9 : DÍA 5

1. Observa la imagen. Encuentra los dos números que faltan, luego súmalos y escribe tu respuesta en el cuadro de texto de abajo:

1		3	4	5	6	7		9	10
11	12	13	14	15	16	17	18	19	20
21	22	23	24	25	26	27	28	29	30
31	32	33	34	35	36	37	38	39	40
41	42	43	44	45	46	47	48	49	50
51	52	53	54	55	56	57	58	59	60
61	62	63	64	65	66	67	68	69	70
71	72	73	74	75	76	77	78	79	80
81	82	83	84	85	86	87	88	89	90
91	92	93	94	95	96	97	98	99	100

____

1.NBT.A.1

2. Cuenta el número de marcas de conteo y luego suma el número 5. Elige el número que has obtenido.

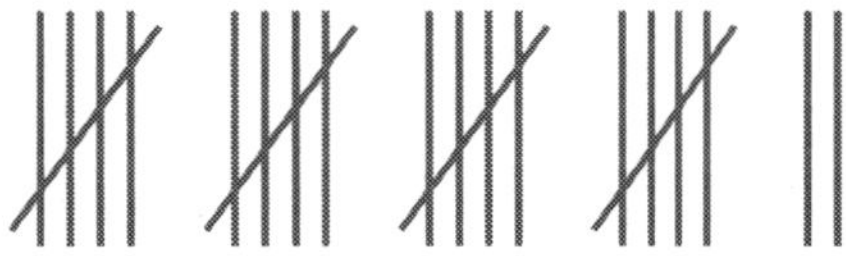

A. 18   **C.** 27

B. 22   **D.** 30

1.NBT.A.1

3. Cuenta por uno o por diez para encontrar la suma: $43 + 35 =$

A. 76   **C.** 78

B. 77   **D.** 90

1.NBT.A.1

4. Cuenta de cinco en cinco o de diez en diez para encontrar la suma:

$$20 + 45 + 5 =$$

A. 50

B. 55

C. 60

D. 70

1.NBT.A.1

5. Cuenta de uno en uno, de cinco en cinco o de diez en diez para encontrar la suma:

$$30 + 35 + 5 + 50 =$$

A. 70   **C.** 115

B. 80   **D.** 120

1.NBT.A.1

6. ¿Cuántas figuras están coloreadas abajo?

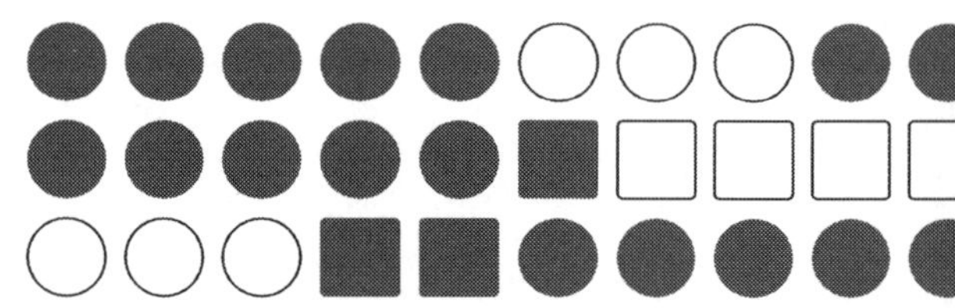

A. 11

B. 17

C. 19

D. 20

1.NBT.A.1

DÍA 6

Desafío

Cuenta de uno en uno, de cinco en cinco o de diez en diez para encontrar la suma:

$$20 + 22 + 21 + 25$$

Escribe tu respuesta en el siguiente cuadro de texto:

____

1.NBT.A.1

La semana 10 se centra en la comprensión de los números de dos cifras y en el aprendizaje del valor de las decenas y las unidades.

Puede encontrar explicaciones detalladas en vídeo de cada problema del libro visitando ArgoPrep.com/ccm1

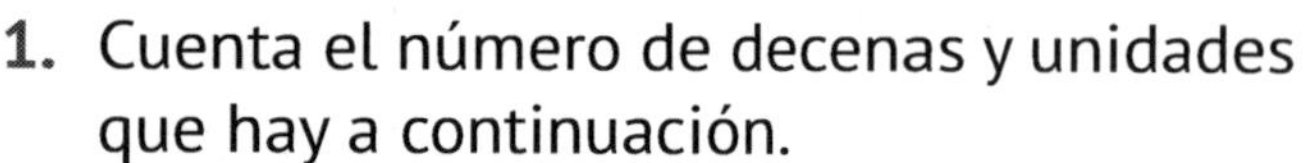

1. Cuenta el número de decenas y unidades que hay a continuación.

1.NBT.B.2

Hay _______ decenas.

Hay _______ unidades.

2. En el número 33, hay:

A. 4 decenas y 3 unidades
B. 3 unidades y 3 decenas
C. 3 unidades y 2 decenas
D. 3 decenas y 2 unidades

1.NBT.B.2

3. Cuenta las estrellas y elige la respuesta correcta.

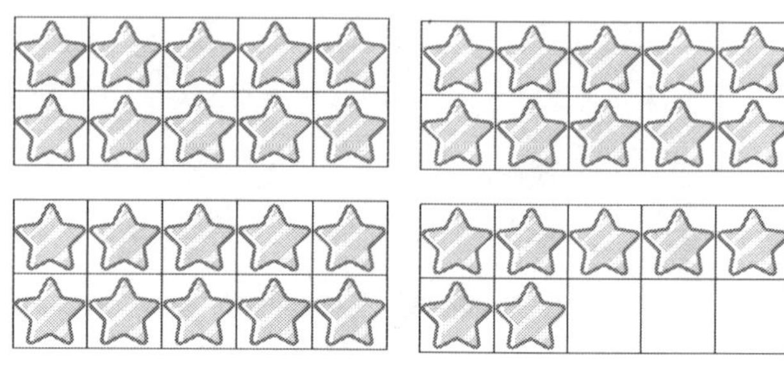

A. 3 decenas + 7 unidades = 37
B. 4 decenas + 2 unidades - 42
C. 2 decenas + 9 unidades = 29
D. 3 decenas + 8 unidades = 38

1.NBT.B.2

4. Lee la información dada y elige la opción de respuesta correcta.

Este número es mayor que 66.
Este número es menor que 70.
Tiene 8 unidades.

A. 67   C. 78
B. 68   D. 88

1.NBT.B.2

5. Observa la expresión y escribe el número que falta en la casilla de abajo.

68 = 6 decenas + unidades.

68 = 6 decenas + ☐ unidades

1.NBT.B.2

CONSEJO del DÍA

¡Contemos por diez! Cuenta hasta el número 100 en grupos de 10. Aquí tienes los primeros números para empezar. 10, 20, 30 ... Termina el resto, ¡puedes hacerlo!

1. El número 90 tiene 9 decenas y 0 unidades. ¿Cuál es otra forma de hacer el número 90?

A. 8 decenas + 10 unidades
B. 7 decenas + 9 unidades
C. 5 unidades + 5 decenas
D. 6 decenas + 20 unidades

1.NBT.B.2

2. Jeremy ha horneado 45 galletas. ¿Cómo puedo colocar las galletas por grupos? Escribe tu respuesta a continuación:

_______ decenas + _______ unidades = 45

1.NBT.B.2

4. Observa el dibujo. Cuenta las nubes.

¿Cuántas decenas? _______

¿Cuántas unidades? _______

¿Cuántas nubes? _______

1.NBT.B.2

3. Completa cada una de las ecuaciones siguientes.

A. 6 + _______ = 10
B. 30 + _______ = 50
C. 50 + _______ = 50
D. 10 + _______ = 18

1.NBT.B.2

5. ¿Qué opción de respuesta de abajo representa el número 120?

A. 10 decenas + 20 unidades
B. 11 decenas + 0 unidades
C. 10 decenas + 10 unidades
D. 120 unidades + 2 decenas

1.NBT.B.2

CONSEJO del DÍA

Al contar los objetos de un dibujo, es útil agruparlos en cajas para poder llevar la cuenta.

SEMANA 10 : DÍA 3

1. ¿Cuántas frambuesas hay? Nota: Cada frambuesa dibujada representa 10 frambuesas.

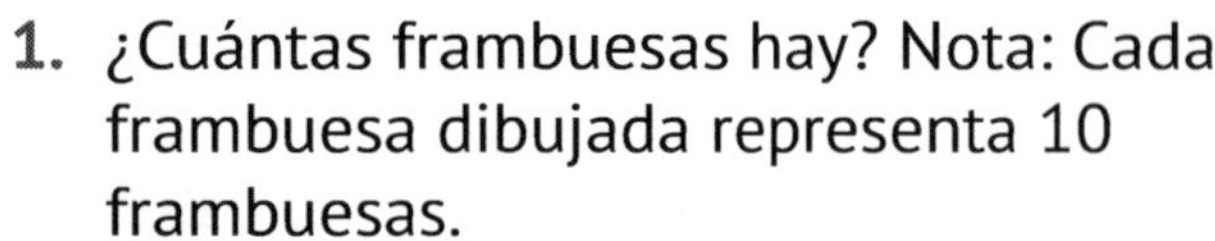

A. 7

B. 70

C. 77

D. 0

1.NBT.B.2

2. ¿Cuántas decenas hay en el número 79?

A. 6

B. 7

C. 8

D. 9

1.NBT.B.2

3. Cuenta los plátanos. ¿Cuántas decenas hay?

A. 2 decenas

B. 3 decenas

C. 4 decenas

D. 5 decenas

1.NBT.B.2

4. Lee la siguiente pista y luego elige la opción de respuesta correcta:

La edad de Tom es menor que 19, pero mayor que 10 y tiene 5 unidades. ¿Qué edad tiene Tom?

A. 14 años

B. 15 años

C. 18 años

D. 25 años

1.NBT.B.2

5. Observa el dibujo de abajo. Cuenta el número de naranjas.

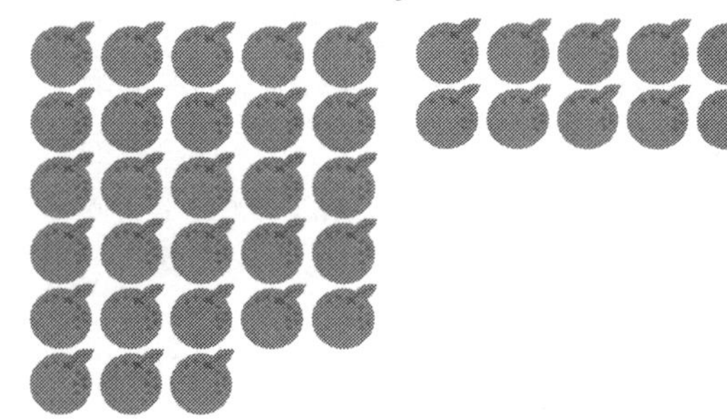

A. 38

B. 43

C. 48

D. 50

1.NBT.B.2

6. Utilizando la imagen anterior en la pregunta 5, ¿cuál es otra forma de escribir el número de naranjas?

A. 1 decena más 18 unidades

B. 1 decena más 28 unidades

C. 38 unidades más 10 decenas

D. 18 unidades y 1 decena

1.NBT.B.2

CONSEJO del DÍA

Cuando trabajes con problemas de planteo, subraya siempre las palabras clave que te indican cómo resolver el problema.

1. Reagrupa la siguiente expresión.

Nota: escribe un número del 0 al 9 en cada casilla.

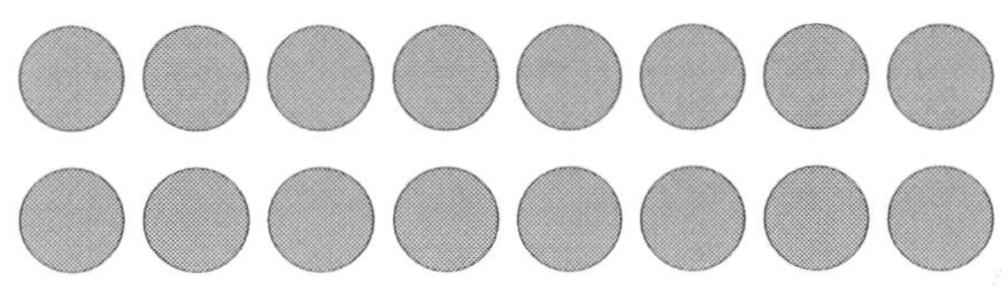

6 decenas + 12 unidades =

☐ decenas ☐ + unidades

1.NBT.B.2

2. Cuenta los puntos de abajo y elige la opción de respuesta correcta.

A. 1 decena + 7 unidades
B. 1 unidad + 0 decenas
C. 2 decenas + 0 unidades
D. 0 decenas + 8 unidades

1.NBT.B.2

3. Completa cada una de las ecuaciones siguientes

A. 3 + _______ = 33
B. 6 + _______ = 60
C. 90 + _______ = 100
D. 105 + _______ = 120

1.NBT.B.2

4. ¿Qué ecuación representa el modelo que se muestra a continuación?

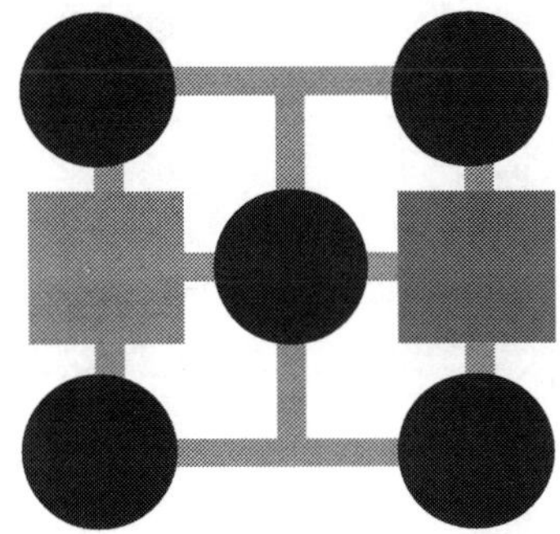

A. 5 unidades + 2 unidades
B. 7 decenas + 2 unidades
C. 7 unidades + 4 decenas
D. 5 unidades + 5 unidades

1.NBT.B.2

5. ¿Cuántas decenas hay en el número 120?

A. 6
B. 12
C. 11
D. 0

1.NBT.B.2

6. En el número 119, hay:

A. 11 decenas y 10 unidades
B. 11 decenas y 9 unidades
C. 9 unidades y 10 decenas
D. 3 decenas y 9 unidades

1.NBT.B.2

CONSEJO del DÍA

Comprueba siempre el signo para determinar si vas a sumar para encontrar la suma o a restar para encontrar la diferencia.

SEMANA 10 : DÍA 5

EVALUACIÓN

1. ¿Qué ecuación representa el modelo que se muestra a continuación?

A. 3 decenas + 4 unidades
B. 2 decenas + 4 unidades
C. 3 decenas + 3 unidades
D. 2 unidades + 4 decenas

1.NBT.B.2

2. Lee la información dada y elige la opción de respuesta correcta.

Este número es mayor que 23.
Este número es menor que 30.
Tiene 7 unidades.

A. 17   **C.** 28
B. 27   **D.** 37

1.NBT.B.2

3. ¿Qué opción de respuesta de abajo representa el número 96

A. 9 decenas 6 unidades
B. 9 unidades + 6 decenas
C. 9 decenas + 0 unidades
D. 9 decenas + 9 unidades

1.NBT.B.2

4. Cuenta las estrellas y elige la respuesta correcta.

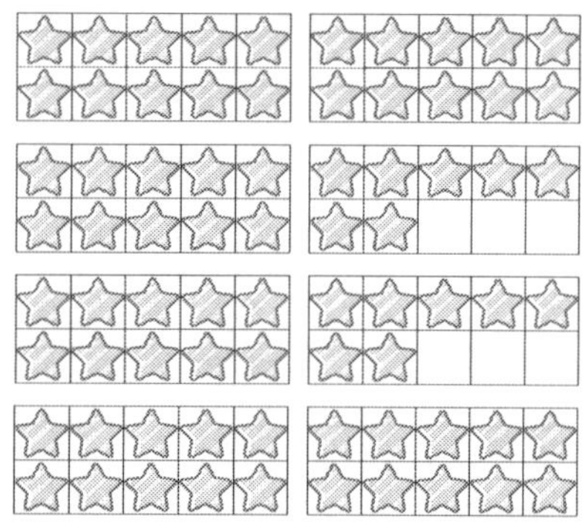

A. 7 decenas + 4 unidades
B. 7 decenas + 5 unidades
C. 8 decenas + 4 unidades
D. 8 decenas + 2 unidades

1.NBT.B.2

5. Reagrupa la siguiente expresión.

Nota: escribe un número del 0 al 9 en cada casilla.

7 decenas + 18 unidades = decenas ☐
     + unidades ☐

1.NBT.B.2

DÍA 6

Desafío

¿Cuál será el número si tiene
4 decenas + 6 unidades + 2 decenas + 5 decenas?

____

1.NBT.B.2

SEMANA 11

Prepárate para comparar números de dos cifras en la semana 11. ¿Qué número es mayor: 10 o 20? Tendrás la oportunidad de practicar muchos números y comparar sus valores.
Puede encontrar explicaciones detalladas en vídeo de cada problema del libro visitando
ArgoPrep.com/ccm1

SEMANA 11 : DÍA 1

1. ¿Qué palabras hacen que esta declaración sea verdadera?

20 _______ 20

A. Es mayor que
B. Es menor que
C. Es igual a
D. Es mayor que o igual a

1.NBT.B.3

2. Completa el espacio en blanco.

60 _______ 40

A. <
B. >
C. =
D. ≤

1.NBT.B.3

3. Miguel compró 3 galletas. Jessica tenía 10 galletas. ¿Quién tiene más galletas?

A. Miguel
B. Jessica
C. Miguel y Jessica tienen la misma cantidad de galletas

1.NBT.B.3

4. Observa las secuencias numéricas a continuación y escoge de mayor a menor.

A. 99, 43, 11, 33
B. 85, 44, 82, 90
C. 99, 80, 34, 11
D. 11, 70, 45, 90

1.NBT.B.3

5. Observa las secuencias numéricas a continuación y escoge de menor a mayor.

A. 4, 8, 19, 0
B. 18, 32, 17, 20
C. 110, 77, 33, 23
D. 12, 17, 58, 97

1.NBT.B.3

6. ¿Cuál de los siguientes números es mayor que 46?

A. 5
B. 50
C. 33
D. 46

1.NBT.B.3

¡Siempre comprueba tu trabajo!

1. Christine está en el 4° grado. Juan es tres años mayor que Cristina. ¿En qué grado está Juan?

A. 3er grado
B. 4° grado
C. 5° grado
D. 7° grado

1.NBT.B.3

2. Anna tiene 2 gatos. Eduardo tiene el doble de gatos que Anna y tiene un perro. ¿Cuántos animales tiene Eduardo?

A. 3
B. 4
C. 5
D. 6

1.NBT.B.3

3. Paul recolectó 67 canicas en un juego. Carolina recolectó el mismo número de canicas. ¿Cuántas canicas tiene Carolina?

A. 55
B. 66
C. 67
D. No puede ser determinado.

1.NBT.B.3

4. ¿Qué palabras hacen que esta declaración sea verdadera?

73 _______ 20

A. Es mayor que
B. Es menor que
C. Es igual a
D. Es mayor que o igual a

1.NBT.B.3

5. El equipo A ganó 4 partidos. El equipo B ha perdido 4 partidos. El equipo C ha ganado la misma cantidad de partidos que el equipo A. Elige la declaración correcta de abajo.

A. Equipo A = Equipo C = Equipo B
B. Equipo A = Equipo C > Equipo B
C. Equipo B < Equipo C < Equipo A
D. Equipo B $\geq$ Equipo C $\leq$ Equipo A

1.NBT.B.3

6. Observa las siguientes secuencias numéricas y elige la correcta.

A. 22 > 12
B. 44 = 55
C. 17 > 18
D. 8 > 9

1.NBT.B.3

CONSEJO del DÍA

Recuerda los tres símbolos de comparación importantes.
= Signo de igualdad
> Signo de mayor que
< Signo de menor que

1. Compara las dos imágenes de abajo.

Hay más _____________ que plátanos.

1.NBT.B.3

2. Rellena los espacios en blanco para que las afirmaciones sean verdaderas.

45 es mayor que _____________ .

57 es igual a _____________ .

14 es menor que _____________ .

1.NBT.B.3

3. David tiene 8 años. Dentro de 3 meses tendrá 9 años. Juliana tiene 3 años menos que David. Dentro de 3 meses, ¿qué edad tendrá Juliana?

A. 5 años
B. 6 años
C. Igual que David
D. No se puede averiguar

1.NBT.B.3

4. Cuenta los cuadrados y los círculos. ¿Cuántos más círculos hay que cuadrados?

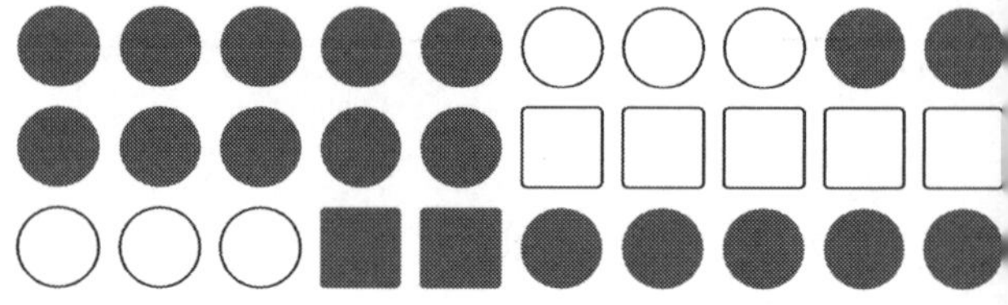

A. 16
B. 15
C. 17
D. 0

1.NBT.B.3

5. En junio hay 30 días. En julio hay 31 días. En agosto hay 31 días. Elige todas las afirmaciones correctas que aparecen a continuación.

A. junio = julio = agosto
B. agosto > junio
C. julio > junio
D. julio < junio = agosto

1.NBT.B.3

6. ¿Cuál de los siguientes números son mayores que 23 pero menores que 30?

A. 5, 6, 90
B. 24, 26, 29
C. 33, 24, 60
D. 22, 24, 28

1.NBT.B.3

CONSEJO del DÍA

Cuando leas una pictografía, asegúrate de comprobar la clave para ver a qué equivale un dibujo.

1. Harvey encontró 10 mariposas. Mike tiene 3 más. Jessica tiene 6 menos que Mike y Harvey juntos. ¿Cuántas mariposas tiene Jessica?

A. 13 **C.** 17
B. 16 **D.** 18

1.NBT.B.3

2. Observa el dibujo que se muestra a continuación. Compara el número de estrellas, cuadrados y círculos. ¿Cuál de las siguientes afirmaciones es la correcta?

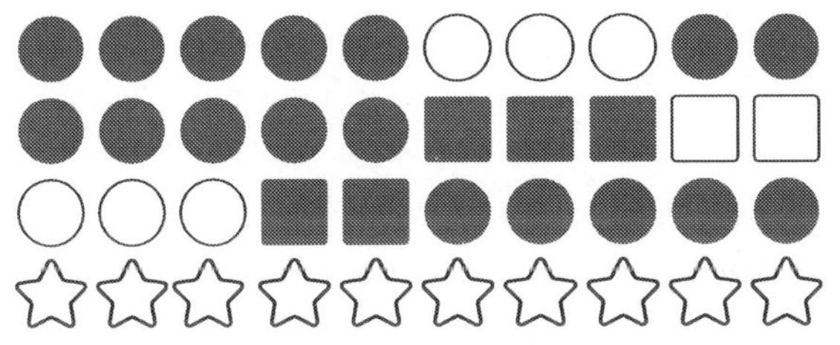

A. Estrellas < Cuadrados < Círculos
B. Cuadrados = Estrellas > Círculos
C. Círculos > Estrellas > Cuadrados
D. Círculos = Estrellas = Cuadrados

1.NBT.B.3

3. Completa el espacio en blanco utilizando los símbolos de comparación (<, > , =)

12 _____ 40 _____ 55

1.NBT.B.3

4. Rellena los espacios en blanco para que las afirmaciones sean verdaderas.

22 es mayor que _____________ .

67 es igual a _____________ .

99 es menor que _____________ .

1.NBT.B.3

5. ¿Qué palabras hacen que esta afirmación sea verdadera?

11 _____________ 20

A. Es mayor que
B. Es menor que
C. Es igual a
D. Es mayor que o igual a

1.NBT.B.3

6. Phillip anotó 16 puntos en total en los dos partidos. Su hermana Paula anotó 3 puntos menos que Felipe en los dos partidos. ¿Qué afirmación es verdadera?

A. Paula anotó 19 puntos.
B. Paula anotó 13 puntos.
C. Paula y Phillip anotaron los mismos puntos.
D. No se puede determinar.

1.NBT.B.3

CONSEJO del DÍA

¿Te has confundido con los signos de comparación < y > ? Aquí tienes una forma divertida de recordar el signo mayor que >. El signo mayor se parece a la boca de un caimán que se abre de par en par.

1. En la imagen que se muestra a continuación, ¿qué 2 figuras aparecen con más frecuencia?

   A. Corazón y estrella
   B. Corazón y cuadrado
   C. Estrella y Círculo
   D. Corazón

   1.NBT.B.3

2. Carl es dos años mayor que Marry. Marry tiene la misma edad que John. Dentro de 4 meses Juan tendrá 2 años. ¿Qué edad tendrá Carl dentro de 4 meses?

   A. 2 años
   B. 4 años
   C. 5 años
   D. 6 años

   1.NBT.B.3

3. Elige la opción de respuesta que NO es correcta.

   A. 45 > 32 = 32
   B. 27 < 34 > 27
   C. 97 < 98 < 99
   D. 12 > 13 < 12

   1.NBT.B.3

4. Completa los espacios en blanco para que las afirmaciones sean verdaderas.

   2 es mayor que ___________ .

   45 es igual a ___________ .

   28 es menor que ___________ .

   1.NBT.B.3

5. Observa las siguientes secuencias numéricas y elige la correcta.

   A. 98 > 89
   B. 21 = 55
   C. 16 < 11
   D. 57 < 47

   1.NBT.B.3

6. Observa la siguiente imagen y encuentra el número de gatos y el número de perros. Compara y elige la opción de respuesta correcta.

   A. 8 < 9
   B. 9 < 10
   C. 10 = 10
   D. 3 > 1

   1.NBT.B.3

DÍA 6
Desafío

Jonathan tiene 10 lápices. Su hermana tiene 3 lápices más que Roberto. Roberto tiene 3 lápices menos que Jonathan. ¿Cuántos lápices tiene la hermana de Jonathan?

____

1.NBT.B.3

En la semana 12, sumaremos y restaremos dentro de 100 utilizando modelos y dibujos.

Puede encontrar explicaciones detalladas en vídeo de cada problema del libro visitando
ArgoPrep.com/ccm1

1. ¿Cuál de las siguientes opciones de respuesta es igual a 55 + 13 = ?

A. 67
B. 68
C. 70
D. 71

1.NBT.C.4

2. 87 es 8 decenas más 7 unidades. ¿Cuál es otra forma de hacer 87?

A. 6 decenas 18 unidades
B. 6 decenas 19 unidades
C. 7 decenas 17 unidades
D. 7 decenas 18 unidades

1.NBT.C.4

3. Escribe la oración de suma que muestra el modelo de abajo.

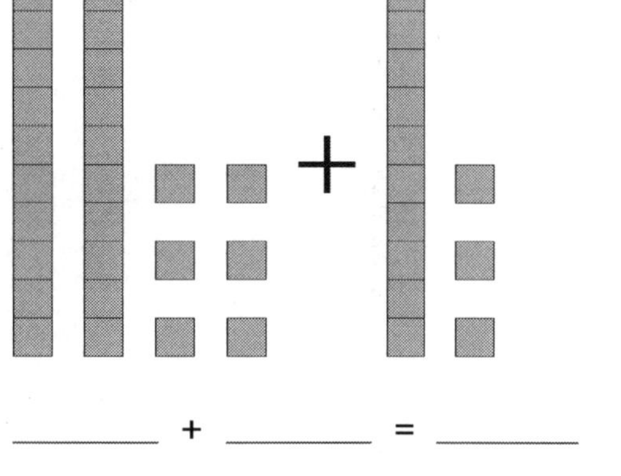

______ + ______ = ______

1.NBT.C.4

4. Gregory tiene 42 kg de patatas. Hillary tiene 30 kg de zanahorias. Cuenta por unidades o decenas para encontrar cuántos kg de verdura tienen los dos juntos.

A. 70 kg   C. 72 kg
B. 71 kg   D. 73 kg

1.NBT.C.4

5. Reagrupa la ecuación dada a continuación. Escribe un número del 0 al 9 en cada casilla.

5 decenas + 13 unidades =

☐ decenas + ☐ unidades

1.NBT.C.4

6. Observa el dibujo de abajo. Cuenta por unidades o por decenas. ¿Cuántos televisores hay en total?

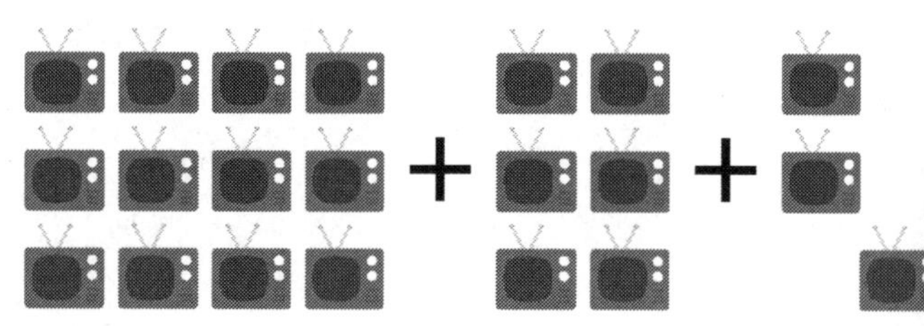

A. 20   C. 22
B. 21   D. 25

1.NBT.C.4

CONSEJO del DÍA

La reagrupación nos permite cambiar los grupos de unidades y decenas para facilitar la suma o la resta.

1. Anton fue al campamento de verano. Había 17 niños, excluyendo a Anton, y 20 niñas. ¿Cuántos niños en total había en el campamento de verano?

- **A.** 37
- **B.** 38
- **C.** 40
- **D.** 47

1.NBT.C.4

2. En el dibujo de abajo puedes ver el número total de teléfonos. Si le sumas 10 más, ¿cuántos tendrás? Cuenta por unidades o decenas y escribe tu respuesta a continuación.

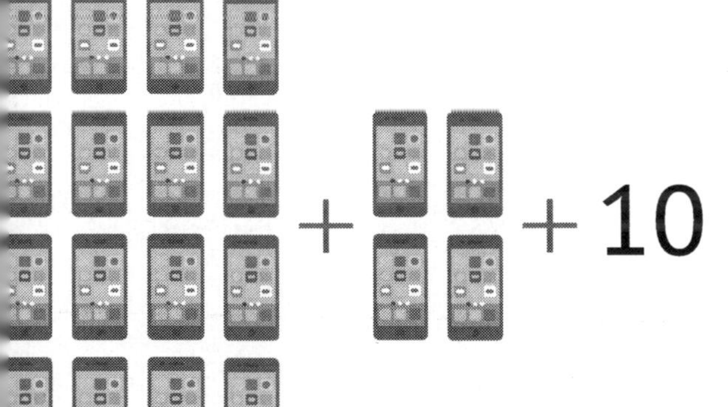

____

1.NBT.C.4

3. Suma 49 + 21 =

- **A.** 30
- **B.** 67
- **C.** 70
- **D.** 71

1.NBT.C.4

4. Elige la oración de suma correcta que muestra el modelo de abajo.

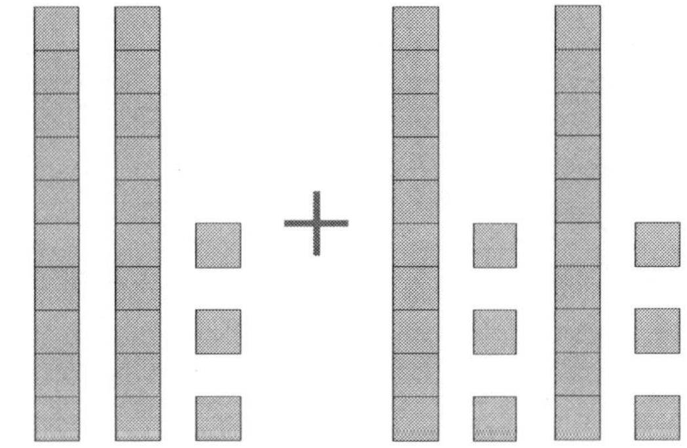

- **A.** 23 + 26 = 49
- **B.** 23 + 26 = 50
- **C.** 23 + 35 = 58
- **D.** 21 + 22 = 43

1.NBT.C.4

5. ¿Cuál de los siguientes es igual a 88 + 12?

- **A.** 97
- **B.** 98
- **C.** 99
- **D.** 100

1.NBT.C.4

CONSEJO del DÍA

Observa el siguiente ejemplo: 72 + 12 =
Para hacer que el cálculo sea más fácil, podemos reescribirlo como 72 + 10 + 2 =

SEMANA 12 : DÍA 3

1. 34 son 3 decenas más 4 unidades. ¿Cuál es otra forma de hacer 34? Selecciona todas las opciones de respuesta correctas.

A. 2 decenas 14 unidades
B. 1 decena 24 unidades
C. 0 decenas 34 unidades
D. 3 decenas 5 unidades

1.NBT.C.4

2. Alex condujo 45 millas el lunes y 30 millas el viernes. Los demás días no conducía. ¿Cuántas millas condujo en total?

A. 3 decenas + 15 unidades + 3 decenas = 75 unidades
B. 3 decenas + 16 unidades + 2 decenas = 48 unidades
C. 4 decenas + 5 unidades + 3 unidades = 48 unidades
D. 5 decenas + 5 unidades + 3 decenas = 85 unidades

1.NBT.C.4

3. Kevin leyó 10 libros durante el verano. Jessica leyó 13 libros más que Kevin. ¿Cuántos libros leyeron en total juntos?

A. 1 decena + 2 decenas + 3 unidades = 33 unidades
B. 1 decenas + 2 decenas + 3 unidades = 6 decenas
C. 1 decena + 2 unidades + 3 unidades = 15 unidades
D. 1 decenas + 5 decenas + 3 unidades = 63 unidades

1.NBT.C.4

4. Selecciona **todas** las opciones de respuesta correctas que muestra el modelo de abajo.

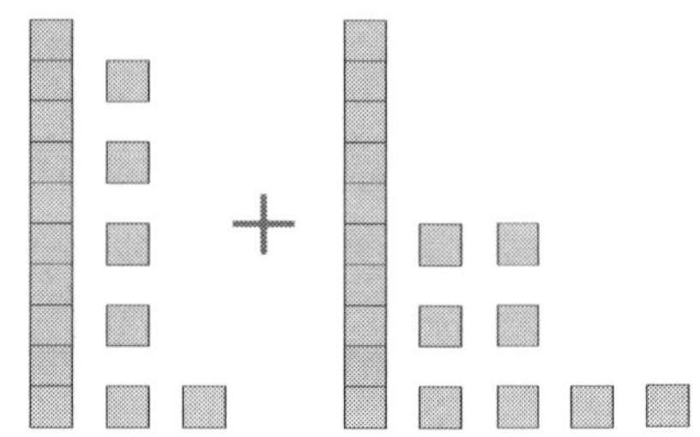

A. 1 decena + 6 unidades + 1 decena + 8 unidades
B. 1 decena + 6 unidades + 18 unidades
C. 1 decena + 5 unidades + 1 decena + 7 unidades
D. 16 unidades + 18 unidades

1.NBT.C.4

5. Reagrupa la ecuación dada a continuación. Escribe un número del 0 al 9 en cada casilla.

2 decenas + 11 unidades =

☐ decenas + ☐ unidades

1.NBT.C.4

6. Cuenta por unidades o decenas para encontrar la suma:

56 + 32 = ?

A. 79
C. 87
B. 80
D. 88

1.NBT.C.4

CONSEJO
del
DÍA

Si tienes problemas para reagrupar los números, ¡utiliza los cubos unifix para ayudarte a visualizarlos!

1. ¿Cuál de los siguientes es igual a 27 + 54?

A. 79
B. 80
C. 81
D. 82

1.NBT.C.4

2. Elige la oración de suma correcta que muestra el modelo de abajo.

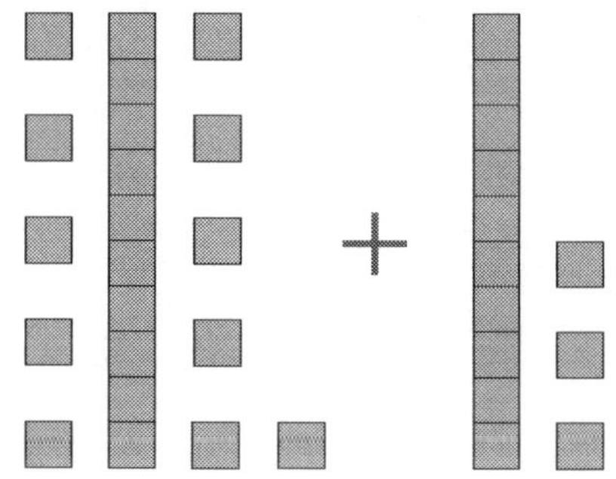

A. 21 + 13 = 33
B. 21 + 12 = 33
C. 21 + 13 = 34
D. 21 + 17 = 40

1.NBT.C.4

3. Suma 17 + 37

A. 54
B. 44
C. 34
D. 24

1.NBT.C.4

4. Suma 18 + 43 + 12

A. 70
B. 71
C. 72
D. 73

1.NBT.C.4

5. 7 decenas + 24 unidades es igual a:

A. 84
B. 85
C. 94
D. 95

1.NBT.C.4

6. Heleny se fue de viaje con 3 pares de gafas de sol. En el viaje compró 13 gafas de sol para sus amigos y familiares. ¿Cuántas gafas de sol tiene ahora en total?

A. 16
B. 19
C. 20
D. 21

1.NBT.C.4

CONSEJO del DÍA

Agarra un resaltador y resalta el lugar de las unidades al resolver problemas de suma con dos dígitos.

Ejemplo:

$$\begin{array}{r} 25 \\ + 17 \\ \hline 42 \end{array}$$

1. Mira el dibujo de abajo. Cuenta por unidades o por decenas. ¿Cuántas estrellas hay en total?

A. 19   **C.** 33

B. 29   **D.** 36

1.NBT.C.4

2. Observa el dibujo de abajo. Cuenta por unidades o por decenas. ¿Cuántas estrellas hay en total?

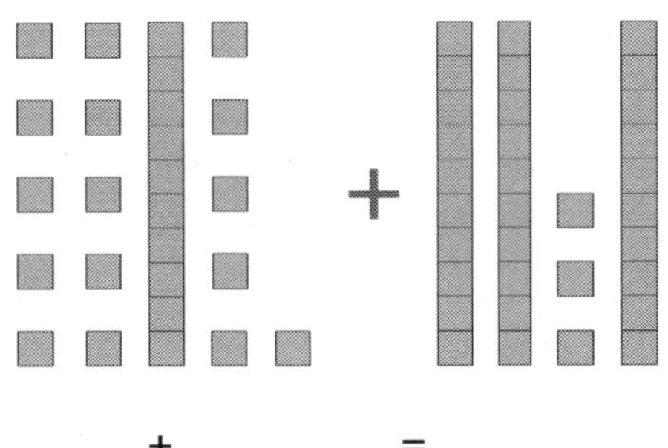

______ + ______ = ______

1.NBT.C.4

3. Cuenta los pájaros de abajo por unidades o decenas y escribe tu respuesta abajo.

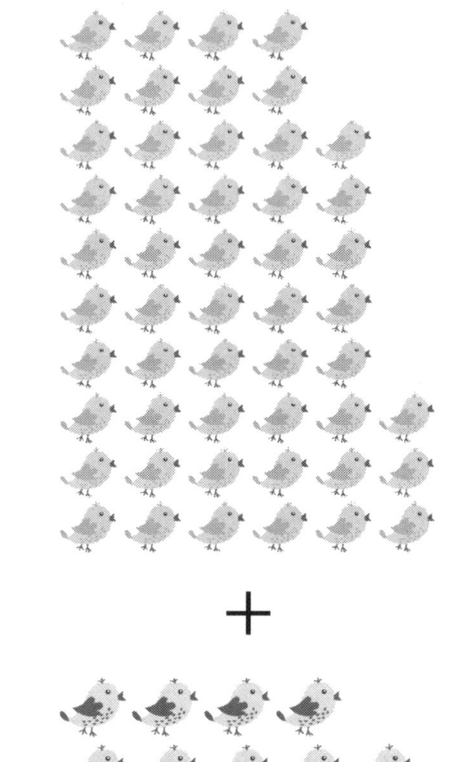

+

______ + ______ = ______

1.NBT.C.4

DÍA 6

Desafío

Gary tiene 35 años. Su hermano mayor, John, es 1 decena + 13 unidades mayor que él. ¿Cuántos años tiene John?

John tiene ________________ años.

1.NBT.C.4

Es hora de hacer matemáticas mentales en la semana 13. ¡Vamos a practicar encontrar 10 más o 10 menos que un número mentalmente!

Puede encontrar explicaciones detalladas en vídeo de cada problema del libro visitando ArgoPrep.com/ccm1

SEMANA 13 : DÍA 1

1. ¿Qué número es 10 más que 13?

- **A.** 22
- **B.** 23
- **C.** 24
- **D.** 33

1.NBT.C.5

2. ¿Qué número es 10 menos que el modelo que se presenta abajo?

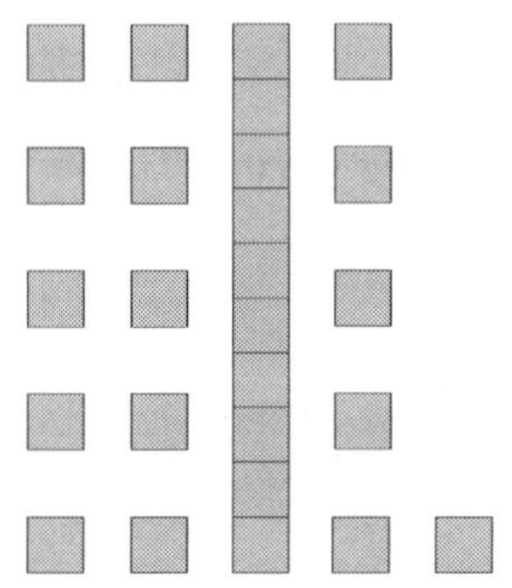

- **A.** 15
- **B.** 16
- **C.** 10
- **D.** 5

1.NBT.C.5

3. Utiliza la matemática mental para encontrar los números que son 10 menos y 10 más que el número que se muestra abajo.

______ , 76 , ______

1.NBT.C.5

4. Suma 10 + 40 =

- **A.** 30
- **B.** 40
- **C.** 50
- **D.** 60

1.NBT.C.5

5. ¿Qué número resulta si sumas 10 al modelo que se muestra abajo?

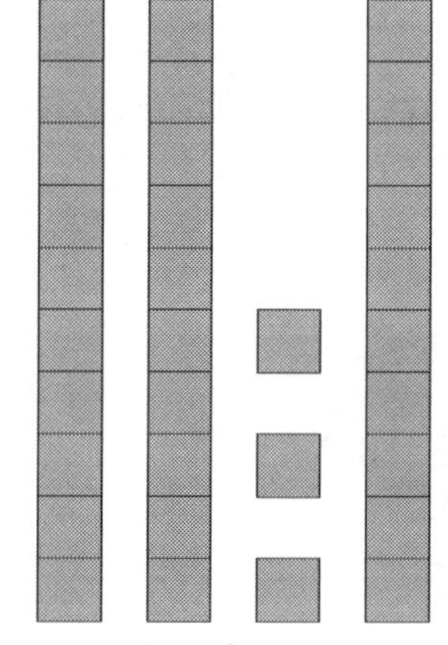

- **A.** 33
- **B.** 43
- **C.** 53
- **D.** 63

1.NBT.C.5

6. ¿Qué número es 10 menos que 13?

- **A.** 3
- **B.** 4
- **C.** 8
- **D.** 10

1.NBT.C.5

CONSEJO del DÍA

Cuando buscas patrones, piensa en cómo cambian los números.

1. Gaby tiene 7 bolígrafos en su pupitre. David tiene 10 más que Gaby. ¿Cuántos bolígrafos tiene David?

A. 7
B. 10
C. 17
D. 18

1.NBT.C.5

2. ¿Qué número es 10 más que 65?

A. 55
B. 65
C. 75
D. 80

1.NBT.C.5

3. Utiliza la matemática mental para escribir los números que son 10 menos y 10 más que el número que se muestra abajo.

_______ , 31, _______

1.NBT.C.5

4. ¿Cuál de los siguientes números es igual a 10 + 10 + 32?

A. 51
B. 52
C. 53
D. 60

1.NBT.C.5

5. ¿Qué número resulta si sumas 10 y luego restas 10 del modelo que se muestra abajo? Escribe tu respuesta a continuación.

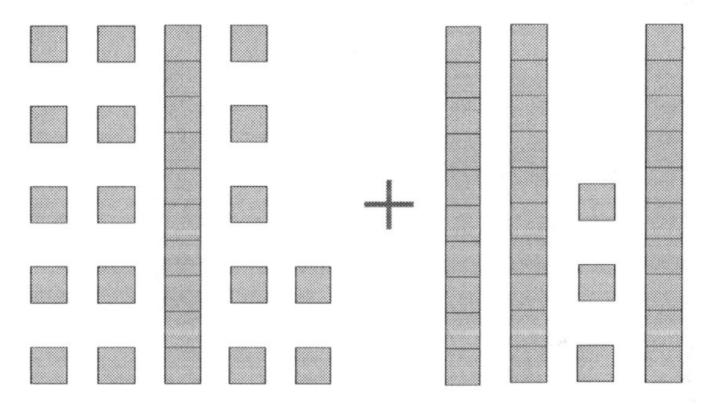

____

1.NBT.C.5

6. Resta 10 de 67.

A. 37
B. 47
C. 57
D. 67

1.NBT.C.5

CONSEJO del DÍA

Encierra las palabras clave o las acciones en los problemas de planteo. Vuelve a leer tu problema de planteo para ver si hay palabras clave que te ayuden a resolverlo.

SEMANA 13 : DÍA 3

1. Jessica y Mike se comieron un total de 5 hamburguesas. Samantha se comió 2 hamburguesas. ¿Cuántas hamburguesas se comieron en total?

A. 13   **C.** 7
B. 9   **D.** 5

1.NBT.C.5

4. Usando la matemática mental, escribe los números que son 10 menos y 10 más que el número que se muestra abajo.

_______ ,73, _______

1.NBT.C.5

2. ¿Qué número es 10 más que 68 y 10 menos que 88?

A. 68
B. 78
C. 88
D. 98

1.NBT.C.5

5. ¿Qué números son 10 menos que 14 y 10 más que 4?

A. 3 y 4
B. 4 y 14
C. 5 y 14
D. 8 y 5

1.NBT.C.5

3. ¿Qué número es 10 más que el modelo? Escribe tu respuesta a continuación.

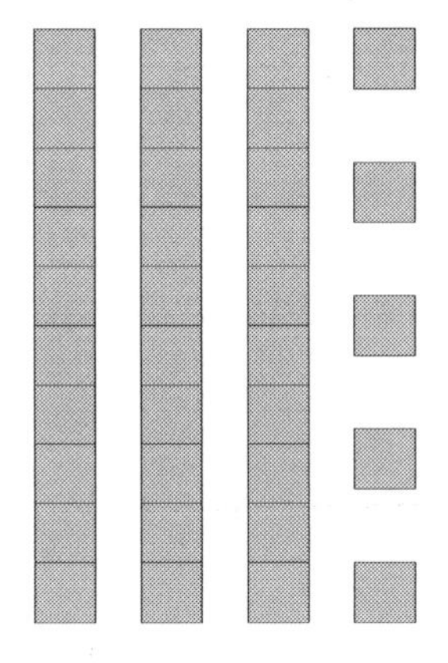

____

1.NBT.C.5

6. Heleny tiene $18. Margaret le pagó a Heleny $10 por hacer de niñera. Luego Heleny gastó $3. ¿Cuánto dinero tiene ahora Heleny?

A. $18
B. $20
C. $25
D. $27

1.NBT.C.5

CONSEJO del DÍA

Cuanto más practiques tus habilidades matemáticas, más rápido podrás calcular mentalmente los números.

1. ¿Qué número es 10 más que el modelo a continuación?

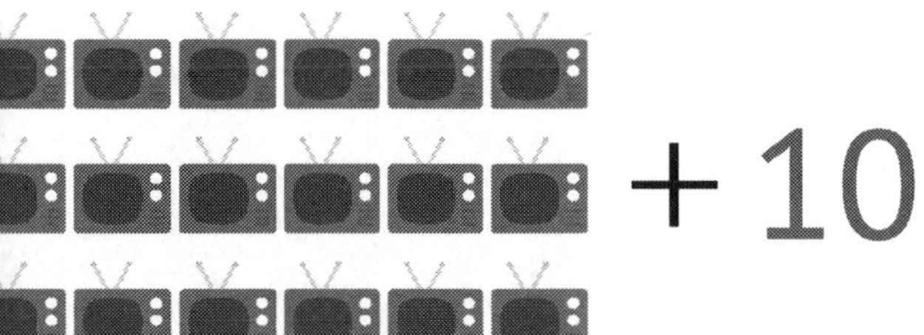 $+ 10$

- **A.** 27
- **B.** 28
- **C.** 29
- **D.** 30

1.NBT.C.5

2. ¿Cuál de las siguientes ecuaciones **NO** es correcta?

- **A.** 10 + 48 + 10 = 68
- **B.** 40 + 10 + 10 = 60
- **C.** 10 - 10 + 10 = 10
- **D.** 3 + 10 - 3 = 3

1.NBT.C.5

3. ¿Qué número es 10 más que 24??

- **A.** 24
- **B.** 25
- **C.** 34
- **D.** 35

1.NBT.C.5

4. ¿Qué número es 10 menos que el modelo que se muestra a continuación?

- **A.** 6
- **B.** 16
- **C.** 26
- **D.** 27

1.NBT.C.5

5. ¿Cuál de las siguientes ecuaciones es correcta?

- **A.** 33 + 10 - 3 = 13
- **B.** 45 - 10 + 10 = 45
- **C.** 7 + 10 + 7 = 25
- **D.** 99 - 10 + 4 = 78

1.NBT.C.5

CONSEJO del DÍA

Otro buen consejo para mejorar tus habilidades matemáticas mentales es resolver problemas sencillos de suma y resta para velocidad.

1. ¿Qué número se muestra en el modelo de abajo?

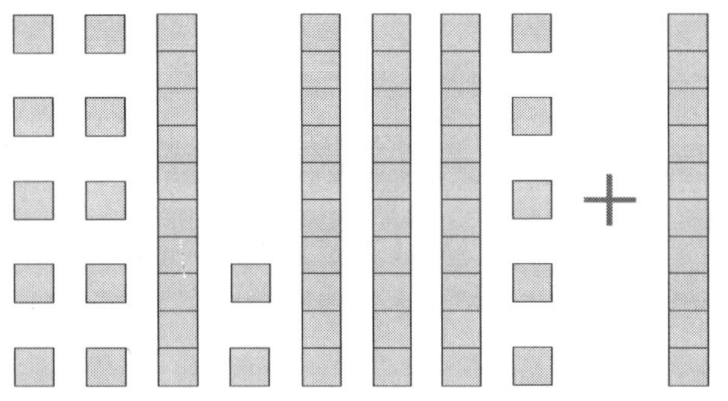

A. 66
B. 67
C. 68
D. 78

1.NBT.C.5

3. ¿Qué número se muestra en el modelo de abajo?

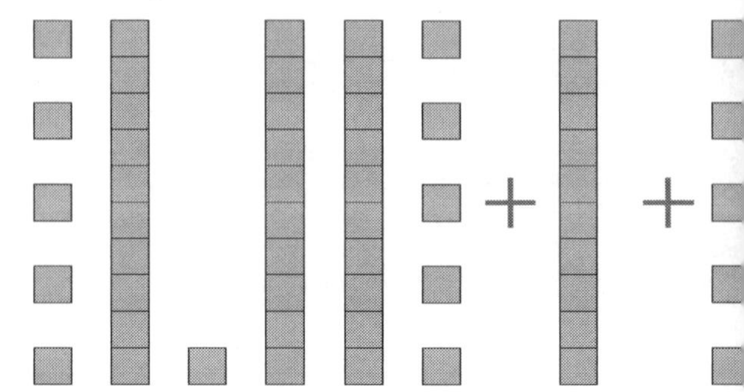

A. 55
B. 56
C. 57
D. 58

1.NBT.C.5

2. Usando la matemática mental, escribe los números que son 10 menos y 10 más que el número que se muestra abajo.

______ , 44, ______

1.NBT.C.5

4. Gregory y Melony están jugando a baloncesto. En la primera ronda Melony anotó 10 puntos más que Gregory, pero 10 menos que Gregory en la segunda ronda. Si Gregory anotó 4 puntos en la primera ronda y 14 en la segunda, ¿cuál es el total de puntos que anotó Melony?

A. 10 puntos
B. 14 puntos
C. 18 puntos
D. 20 puntos

1.NBT.C.5

DÍA 6
Desafío

Usando la matemática mental, escribe los dos números que son 10 menos y 10 más que el número que se muestra abajo.

______ , 20, ______

1.NBT.C.5

En la semana 14, restaremos múltiplos de 10 utilizando modelos y dibujos.

Puede encontrar explicaciones detalladas en vídeo de cada problema del libro visitando ArgoPrep.com/ccm1

1. ¿Cuánto es 50 - 10?

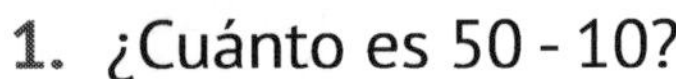

A. 4

B. 30

C. 40

D. 10

1.NBT.C.6

2. ¿Qué oración numérica corresponde a la imagen?

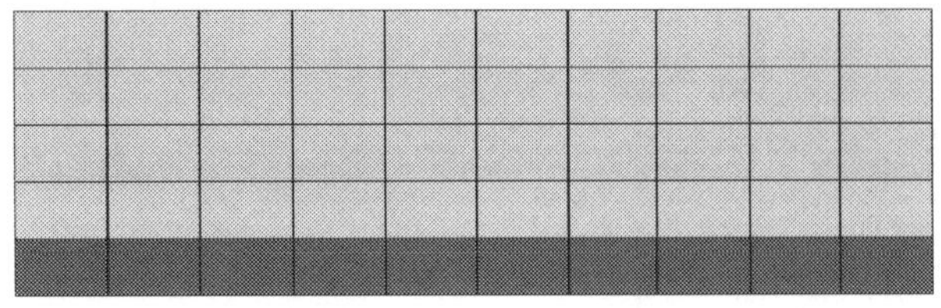

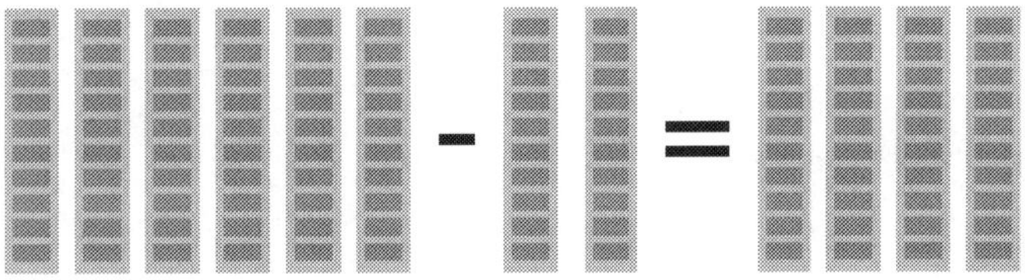

A. 6 - 2 = 8

B. 60 - 2 = 80

C. 60 - 2 = 8

D. 60 - 20 = 40

1.NBT.C.6

3. 80 - 60 =

A. 40

B. 30

C. 20

D. 10

1.NBT.C.6

4. El dibujo muestra 30 + 20. ¿Cuánto es 50 - 20?

A. 10

B. 20

C. 30

D. 40

1.NBT.C.6

5. ¿Cuánto es 80 - 40?

A. 20

B. 40

C. 50

D. 60

1.NBT.C.6

6. La cinta tiene un largo de 60 pulgadas. Un trozo de 20 pulgadas se corta de la cinta.

_________ pulgadas

1.NBT.C.6

CONSEJO del DÍA

Usando diagramas visuales puede ayudarte a resolver y entender mejor la pregunta. Siempre usa los dibujos provistos para ayudarte.

SEMANA 14 : DÍA 2

---

1. ¿Qué frase numérica corresponde a la imagen?

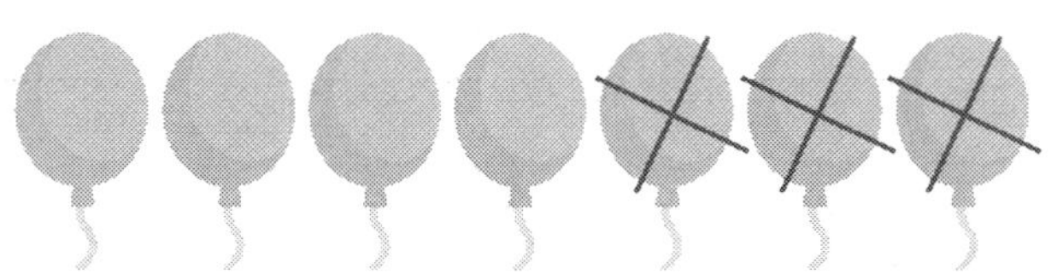

- **A.** 70 - 3 = 4
- **B.** 70 - 4 = 3
- **C.** 70 - 40 = 30
- **D.** 70 - 30 = 40

1.NBT.C.6

4. ¿Cuánto es 90 - 50?

- **A.** 30
- **B.** 40
- **C.** 50
- **D.** 60

1.NBT.C.6

---

2. 30 + 60 = 90. ¿Qué es 90 - 60?

- **A.** 20
- **B.** 30
- **C.** 40
- **D.** 50

1.NBT.C.6

5. ¿Qué ecuación es igual a 60 - 20?

- **A.** 20 + 60
- **B.** 40 + 60
- **C.** 20 - 40
- **D.** 20 + 20

1.NBT.C.6

---

3. ¿Qué es 80 - 70?

- **A.** 10
- **B.** 20
- **C.** 30
- **D.** 40

1.NBT.C.6

6. Mateo tenía 70 centavos. Gastó 20 centavos. ¿Cuánto dinero tiene ahora Mateo?

_______________ centavos

1.NBT.C.6

CONSEJO del DÍA

Esta semana estamos aprendiendo cómo restar en múltiplos de 10. Intentemos este patrón de restar 10 del número anterior.

90 , 80 , 70 , 60 , ...

Termina el patrón hasta que llegues al 0.

SEMANA 14 : DÍA 3

1. Si había 50 cisnes y 30 cisnes se fueron volando, ¿cuántos cisnes quedan?

A. 10
B. 20
C. 30
D. 40

1.NBT.C.6

2. Observa el dibujo. ¿Cuánto es 80 - 20?

Respuesta: _______________

1.NBT.C.6

3. ¿Cuánto es 90 - 60?

A. 10
B. 20
C. 30
D. 40

1.NBT.C.6

4. 10 + 30 = 40. ¿Cuánto es 40 - 30?

A. 10
B. 20
C. 30
D. 40

1.NBT.C.6

5. ¿Qué oración numérica va con la imagen?

A. 80 - 30 = 50
B. 80 - 40 = 40
C. 70 - 30 = 40
D. 70 - 40 = 30

1.NBT.C.6

6. Había 50 manzanas en el manzano. Diez manzanas cayeron al suelo. ¿Cuántas manzanas quedan en el manzano?

_______________ manzanas

1.NBT.C.6

CONSEJO del DÍA

Ya que estamos aprendiendo cómo restar por 10, también debemos saber sumar por 10. Intentemos este patrón de sumar 10 al número anterior.

20 , 30 , 40 , 50 , 60 .....

Encuentra el patrón hasta que llegues al 90.

1. 50 + 40 = 90. ¿Cuánto es 90 - 40?

   A. 30
   B. 40
   C. 50
   D. 60

1.NBT.C.6

2. En la tienda de animales hay un total de 30 loros verdes y amarillos. 10 de los loros son verdes. ¿Cuántos loros amarillos hay en la tienda de animales?

_________________ loros amarillos

1.NBT.C.6

3. ¿Qué oración numérica es equivalente a 40 + 30 = 70?

   A. 50 - 30 = 20
   B. 60 - 30 = 30
   C. 70 - 30 = 40
   D. 90 - 30 = 60

1.NBT.C.6

4. ¿Qué oración numérica se muestra en el dibujo?

Nota: Cada pera dibujada representa 10 peras.

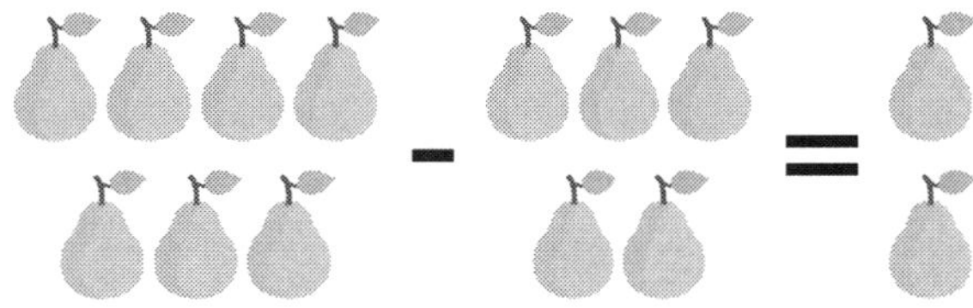

   A. 60 - 50 = 10
   B. 70 - 50 = 20
   C. 80 - 30 = 50
   D. 70 - 40 = 30

1.NBT.C.6

5. Había 60 coches en el aparcamiento. Luego se fueron 30 coches. ¿Cuántos coches quedaron en el aparcamiento?

   A. 10
   B. 20
   C. 30
   D. 40

1.NBT.C.6

6. Había 90 globos en la fiesta. Amy se llevó 20 globos a casa. ¿Cuántos globos quedan en la fiesta?

   A. 70   **C.** 50
   B. 60   **D.** 40

1.NBT.C.6

CONSEJO del DÍA

Es muy útil subrayar las palabras clave que indican si hay que sumar o restar. Desde que esta semana sólo estamos trabajando con la resta, subraya todas las palabras clave de cada problema que nos indican que se trata de un problema de resta.

SEMANA 14 : DÍA 5

1. Había 60 pelotas en la cesta. Se metieron diez pelotas en otra cesta. ¿Cuántas pelotas hay ahora en la primera cesta?

A. 20
B. 30
C. 40
D. 50

1.NBT.C.6

2. La imagen muestra 10 + 80. ¿Cuánto es 90 - 80?

A. 10
B. 20
C. 30
D. 40

1.NBT.C.6

3. ¿Cuánto es 30 - 20?

Respuesta: _______________

1.NBT.C.6

4. ¿Cuál es el número que falta en la ecuación?

$$80 - \underline{\hspace{2cm}} = 50?$$

A. 10
B. 20
C. 30
D. 40

1.NBT.C.6

5. Había 70 personas en una estación de tren. Después de salir el tren, sólo quedaban 30 personas. ¿Cuántas personas entraron en el tren?

_______________ personas

1.NBT.C.6

6. ¿Qué es 60 - 20 - 10?

A. 50
B. 40
C. 30
D. 20

1.NBT.C.6

DÍA 6
Desafío

¿Cuál es el número que falta en la ecuación?

$$20 + 50 = 90 - \underline{\hspace{1.5cm}}$$

1.NBT.C.6

SEMANA 15

¡La semana 15 es súper divertida! Ordenaremos tres objetos por su longitud. Ordenarás los objetos del más corto al más grande o al revés.

Puede encontrar explicaciones detalladas en vídeo de cada problema del libro visitando ArgoPrep.com/ccm1

1. Ordena los instrumentos musicales del más corto al más largo.

A. el violín, el gran sintetizador, la guitarra
B. la guitarra, el violín, el gran sintetizador
C. el gran sintetizador, el violín, la guitarra
D. el violín, la guitarra, el gran sintetizador

1.MD.A.1

2. Ordena los animales del más largo al más corto.

A. perro, liebre, ratón
B. liebre, perro, ratón
C. ratón, perro, liebre
D. perro, ratón, liebre.

1.MD.A.1

3. Ordena las flores de la más larga a la más corta.

A. 1, 2, 3
B. 2, 3, 1
C. 3, 1, 2
D. 3, 2, 1

1.MD.A.1

4. ¿Qué pez es el más grande?

Respuesta: _______________

1.MD.A.1

5. Pon las cintas en orden de la más larga a la más corta.

A. 1, 2, 3
B. 3, 2, 1
C. 3, 1, 2
D. 2, 1, 3

1.MD.A.1

CONSEJO del DÍA

Siempre podemos comparar las longitudes de un objeto con uno o más objetos.

1. Pon en orden los vegetales del más largo al más corto.

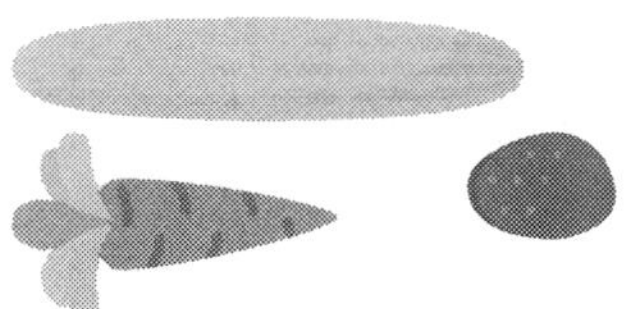

A. pepino, patata, zanahoria
B. pepino, zanahoria, patata
C. patata, zanahoria, pepino
D. zanahoria, pepino, patata

1.MD.A.1

2. Pon en orden los animales del más corto al más largo.

A. cerdo, cabra, caballo
B. cabra, caballo, cerdo
C. cabra, cerdo, caballo
D. cerdo, caballo, cabra

1.MD.A.1

3. ¿Qué insecto es más corto?

Escarabajo   Luciérnaga

Respuesta: _______________

1.MD.A.1

4. Pon en orden los barcos del más largo al más corto.

A. 1, 2, 3
B. 2, 3, 1
C. 1, 3, 2
D. 3, 2, 1

1.MD.A.1

5. Pon en orden los objetos del más corto al más largo.

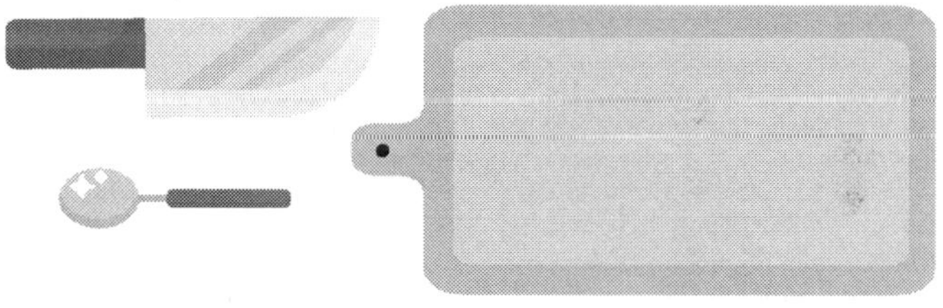

A. cuchara, cuchillo, tabla de cortar
B. tabla de cortar, cuchillo, cuchara
C. cuchillo, cuchara, tabla de cortar
D. cuchillo, tabla de cortar, cuchara

1.MD.A.1

CONSEJO del DÍA

Ya deberíamos tener una idea de cómo comparar los objetos que conocemos.
¿Cuál de los siguientes es más largo?
A) Mariquita
B) Sujetapapeles

1. Ordena los objetos del más largo al más corto.

A. portátil, cámara, TV
B. TV, portátil, cámara
C. cámara, TV, portátil
D. TV, cámara, portátil

1.MD.A.1

2. Ordena los pájaros del más corto al más largo.

A. 2, 3, 1
B. 3, 2, 1
C. 2, 1, 3
D. 1, 3, 2

1.MD.A.1

3. ¿Qué animal es más largo?

Cocodrilo   Lagarto

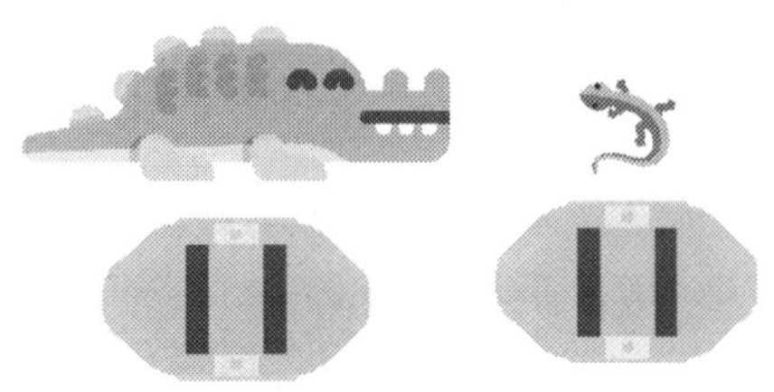

Respuesta: _______________

1.MD.A.1

4. Ordena los objetos del más largo al más corto.

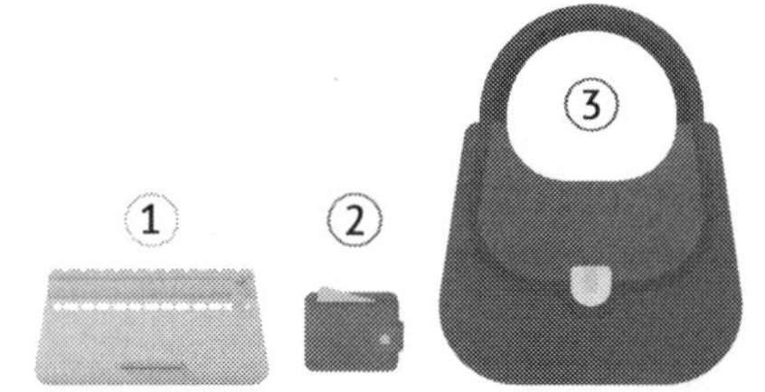

A. 2, 1, 3   **C.** 1, 3, 2
B. 2, 3, 1   **D.** 3, 1, 2

1.MD.A.1

5. ¿Qué pez es más largo?

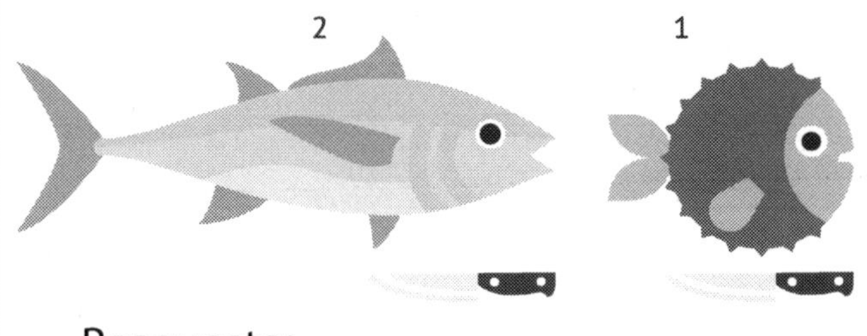

Respuesta: _______________

1.MD.A.1

CONSEJO del DÍA

Ya deberíamos tener una idea de cómo comparar objetos con los que estamos familiarizados.
¿Cuál de los siguientes es más largo?
A) Mesa
B) Lápiz

1. Ordena las frutas de la más corta a la más larga.

A. Plátano, ciruela, naranja
B. Ciruela, naranja, plátano
C. Naranja, plátano, ciruela
D. Plátano, naranja, ciruela

1.MD.A.1

2. ¿Qué zapato es más corto?

Respuesta: _______________

1.MD.A.1

3. Ordena los objetos del más largo al más corto.

A. rotulador, borrador, pegamento
B. borrador, pegamento, rotulador
C. rotulador, pegamento, borrador
D. pegamento, borrador, rotulador

1.MD.A.1

4. Ordena los coches del más corto al más largo.

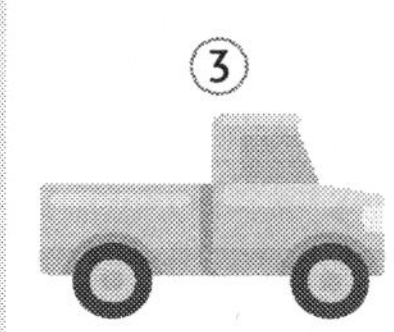

A. 1, 3, 2
B. 1, 2, 3
C. 2, 1, 3
D. 3, 1, 2

1.MD.A.1

5. Ordena los objetos del más largo al más corto.

A. tijeras, martillo, sierra
B. martillo, sierra, tijeras
C. sierra, tijeras, martillo
D. sierra, martillo, tijeras

1.MD.A.1

CONSEJO del DÍA

Ya deberíamos tener una idea de cómo comparar los objetos que conocemos.
¿Cuál de los siguientes es más largo?
A) Bolígrafo
B) Coche

1. Ordena las orugas de la más corta a la más larga.

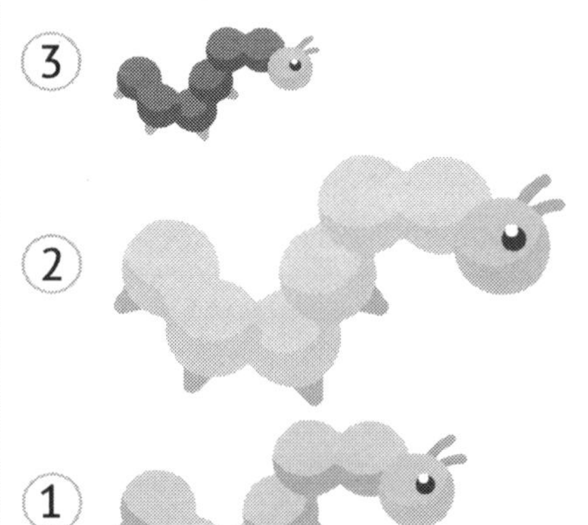

A. 1, 2, 3
B. 2, 1, 3
C. 3, 1, 2
D. 3, 2, 1

1.MD.A.1

2. ¿Qué rectángulo es el más corto?

A. 1
B. 2
C. 3
D. El mismo largo

1.MD.A.1

3. Ordena los muebles del más largo al más corto.

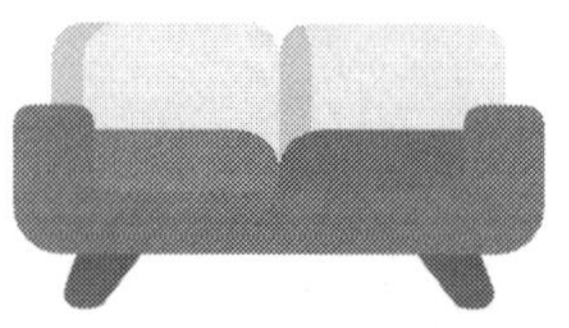

A. silla, mesa, sofá
B. mesa, silla, sofá
C. sofá, silla, mesa
D. sofá, mesa, silla

1.MD.A.1

4. ¿Qué animal tiene el largo mayor?

Respuesta: _______________

1.MD.A.1

5. ¿Qué producto de la panadería es el más largo?

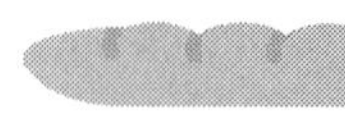

Respuesta: _______________

1.MD.A.1

DÍA 6

Desafío

¿Qué línea es más larga? La de la izquierda o la de la derecha? _______________

1.MD.A.1

100

En la semana 16, comprenderemos la longitud de un objeto utilizando objetos más pequeños.

Puede encontrar explicaciones detalladas en vídeo de cada problema del libro visitando ArgoPrep.com/ccm1

1. ¿Qué tan largo es el cocodrilo?

A. 6 estrellas
B. 7 estrellas
C. 8 estrellas
D. 9 estrellas

1.MD.A.2

2. ¿Qué tan largo es el pez?

A. 6 copos de nieve
B. 7 copos de nieve
C. 8 copos de nieve
D. 9 copos de nieve

1.MD.A.2

3. ¿Cuántas flores de largo tiene el perro caliente?

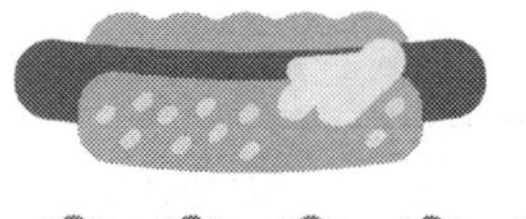

Respuesta: _____________ flores.

1.MD.A.2

4. ¿Qué tan largo es el carro?

A. 9 monedas   **C.** 7 monedas
B. 8 monedas   **D.** 6 monedas

1.MD.A.2

5. ¿Qué tan largo es el álbum?   1.MD.A.2

A. 1 rotulador   **C.** 3 rotuladores
B. 2 rotuladores **D.** 4 rotuladores

6. ¿Cuántos escarabajos de largo tiene el erizo?

Respuesta: _____________ escarabajos.

1.MD.A.2

CONSEJO del DÍA

Cuando hagas diferentes tipos de problemas, tómate el tiempo de recordar los mismos tipos de problemas que hiciste antes.

1. ¿Qué tan larga es la casa?

A. 2 billetes   **C.** 4 billetes
B. 3 billetes   **D.** 5 billetes

1.MD.A.2

2. ¿Qué tan larga es la barra de chocolate?

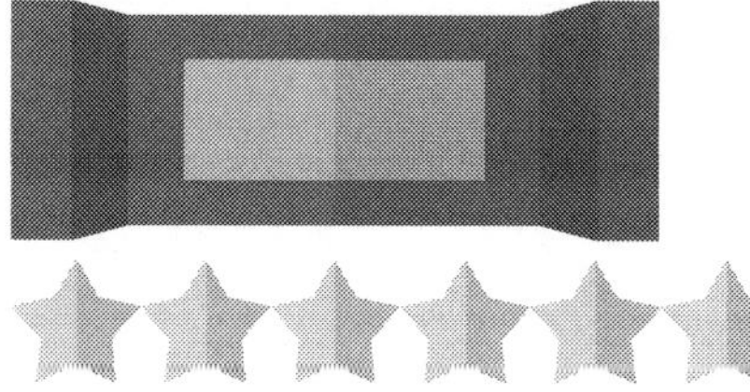

A. 5 estrellas   **C.** 7 estrellas
B. 6 estrellas   **D.** 8 estrellas

1.MD.A.2

3. ¿Cuántas conchas marinas mide el cangrejo?

1.MD.A.2

Respuesta: _________ conchas marinas

4. ¿Qué tan largo es el pepino?

A. 3 copos de nieve
B. 4 copos de nieve
C. 5 copos de nieve
D. 6 copos de nieve

1.MD.A.2

5. ¿Cuántos ladrillos mide el avión?

Respuesta: _________ ladrillos

1.MD.A.2

CONSEJO del DÍA

Si sabemos el largo de un objeto, podemos usarlo para medir otros objetos.

1. ¿Qué longitud tiene el dragón?

A. 3 copos de nieve
B. 4 copos de nieve
C. 5 copos de nieve
D. 6 copos de nieve

1.MD.A.2

2. ¿Qué longitud tiene el submarino?

A. 3 billetes
B. 4 billetes
C. 5 billetes
D. 6 billetes

1.MD.A.2

3. ¿Cuántos caramelos mide la bicicleta?

Respuesta: ______________ caramelos

1.MD.A.2

4. ¿Qué longitud tiene la tarta?

A. 9 monedas   C. 7 monedas
B. 8 monedas   D. 6 monedas

1.MD.A.2

5. ¿Cuántas flores de largo tiene el sofá?

Respuesta: ______________ flores

1.MD.A.2

CONSEJO del DÍA

El largo es la medida de algo. Podemos combinar largos para encontrar el largo total.

1. ¿Qué longitud tienen las tijeras?

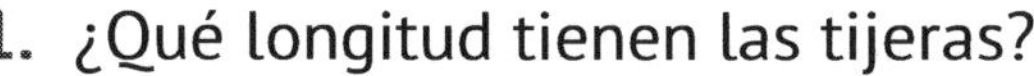

A. 6 copos de nieve
B. 7 copos de nieve
C. 8 copos de nieve
D. 9 copos de nieve

1.MD.A.2

2. ¿Qué longitud tiene el barco?

A. 6 conchas marinas
B. 7 conchas marinas
C. 8 conchas marinas
D. 9 conchas marinas

1.MD.A.2

3. ¿Cuántos ladrillos de longitud tiene el helicóptero?

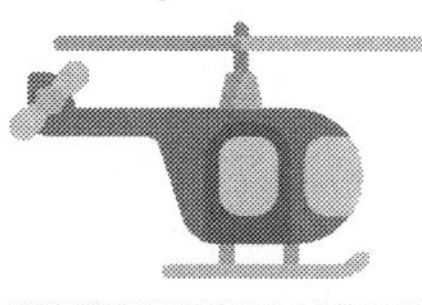

Respuesta: _____________ ladrillos 1.MD.A.2

4. ¿Qué tan largo es el dinosaurio?

A. 7 hojas
B. 8 hojas
C. 9 hojas
D. 10 hojas

1.MD.A.2

5. ¿Qué longitud tiene el dirigible?

A. 8 hojas
B. 7 hojas
C. 6 hojas
D. 5 hojas

1.MD.A.2

CONSEJO del DÍA

Aquí tienes una actividad divertida para que la pruebes. Agarra un borrador y un cuaderno. ¿Cuántos borradores de largo tiene el cuaderno?

SEMANA 16 : DÍA 5

---

1. ¿Qué largo tiene el dulce?

- **A.** 6 copos de nieve
- **B.** 7 copos de nieve
- **C.** 9 copos de nieve
- **D.** 10 copos de nieve

1.MD.A.2

---

2. ¿Qué largo tiene el camello?

- **A.** 7 escarabajos
- **B.** 8 escarabajos
- **C.** 9 escarabajos
- **D.** 10 escarabajos

1.MD.A.2

---

3. ¿Cuántos sujetapapeles mide el portátil?

Respuesta: _____________ sujetapapeles

1.MD.A.2

---

4. ¿Qué longitud tiene la flor?

- **A.** 4 hojas
- **B.** 5 hojas
- **C.** 6 hojas
- **D.** 7 hojas

1.MD.A.2

---

5. ¿Cuántos billetes mide el vagón?

Respuesta: _____________ billetes 1.MD.A.2

DÍA 6
Desafío

¿Cuántas hojas de longitud tienen el perro y el zorro?

____

1.MD.A.2

¿Qué hora es? En la semana 17, aprenderemos y escribiremos sobre el tiempo.

Puede encontrar explicaciones detalladas en vídeo de cada problema del libro visitando
ArgoPrep.com/ccm1

1. ¿Qué reloj marca las 7:00?

    1   2   3   4

A. 1   **C.** 3

B. 2   **D.** 4

1.MD.B.3

2. ¿Qué hora marca el reloj?

A. 3:00   **C.** 4:00

B. 3:30   **D.** 4:30

1.MD.B.3

3. ¿Qué reloj indica las 2 y media?

    1   2   3   4

A. 1

B. 2

C. 3

D. 4

1.MD.B.3

4. Escribe con palabras la hora que marca el reloj.

Respuesta: _______________

1.MD.B.3

5. ¿Qué relojes muestran la misma hora?

    1   2   3   4

A. 1 y 2

B. 2 y 3

C. 3 y 4

D. 4 y 1

1.MD.B.3

6. ¿Qué hora marca el reloj?

Respuesta: _______________

1.MD.B.3

CONSEJO del DÍA

Al decir la hora, la manecilla grande muestra la hora y la pequeña los minutos.

1. ¿Qué reloj marca las 4:30?

1   2   3   4

A. 1   **C.** 3
B. 2   **D.** 4

1.MD.B.3

2. ¿Qué reloj marca las ocho?

1   2   3   4

A. 1   **C.** 3
B. 2   **D.** 4

1.MD.B.3

3. ¿Qué hora marca el reloj?

Respuesta: _______________

1.MD.B.3

4. ¿Qué reloj marca las 5 y media?

1   2   3   4

A. 1   **C.** 3
B. 2   **D.** 4

1.MD.B.3

5. ¿Qué relojes muestran la misma hora?

1   2   3   4

A. 1 y 2   **C.** 2 y 3
B. 1 y 3   **D.** 2 y 4

1.MD.B.3

6. ¿Qué reloj marca las 6 y media?

1   2   3   4

A. 1   **C.** 3
B. 2   **D.** 4

1.MD.B.3

CONSEJO del DÍA

Cuando leas una pictografía, asegúrate de comprobar la clave para ver a qué equivale un dibujo.

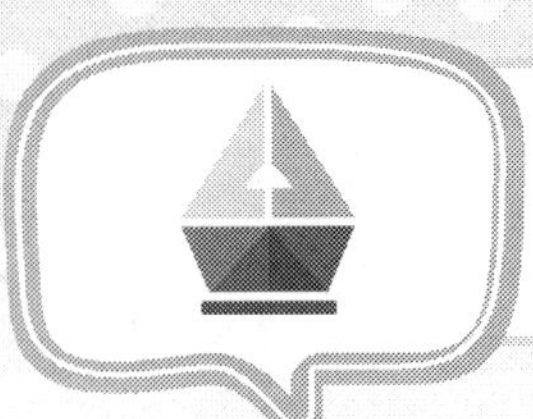

1. ¿Qué relojes muestran la misma hora?

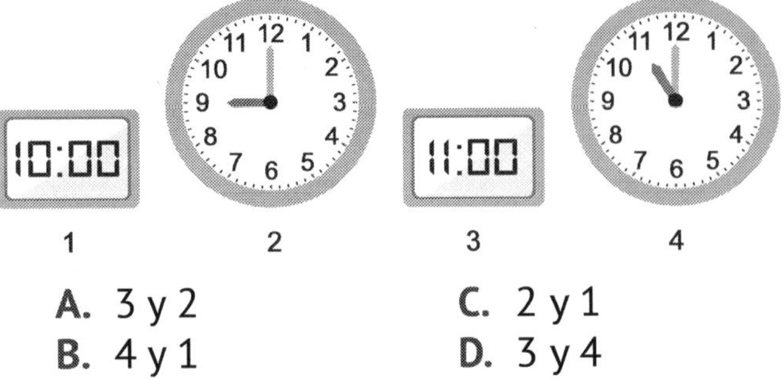

1 2 3 4

A. 3 y 2 **C.** 2 y 1
B. 4 y 1 **D.** 3 y 4

1.MD.B.3

2. ¿Qué hora indica el reloj?

Respuesta: _______________

1.MD.B.3

3. ¿Qué reloj muestra las 5:30?

1 2 3 4

A. 3 **C.** 4
B. 1 **D.** 2

1.MD.B.3

4. ¿Qué relojes marcan las tres?

1 2 3 4

A. 3 y 2 **C.** 2 y 1
B. 4 y 1 **D.** 3 y 4

1.MD.B.3

5. ¿Qué hora indica el reloj?

Respuesta: _______________

1.MD.B.3

6. ¿Qué relojes muestran la misma hora?

1 2 3 4

A. 1 y 2 **C.** 2 y 1
B. 4 y 1 **D.** 3 y 4

1.MD.B.3

CONSEJO del DÍA

Otra forma de decir la hora es decir los minutos después de la hora que acaba de pasar y el número de minutos hasta la hora siguiente.
Las 3:15 son también 15 minutos después de las 3

SEMANA 17 : DÍA 4

1. ¿Qué reloj marca las 2:30?

1   2   3   4

A. 1   **C.** 3
B. 2   **D.** 4

1.MD.B.3

2. ¿Qué reloj marca las 9 y media?

1   2   3   4

A. 1   **C.** 3
B. 2   **D.** 4

1.MD.B.3

3. ¿Qué hora indica el reloj?

Respuesta: _______________

1.MD.B.3

4. ¿Qué relojes muestran la misma hora?

1   2   3   4

A. 1 y 2   **C.** 2 y 3
B. 1 y 3   **D.** 3 y 4

1.MD.B.3

5. ¿Qué hora marca el reloj?

A. 6:30   **C.** 9:30
B. 5:30   **D.** 8:30

1.MD.B.3

6. Escribe con palabras la hora que marca el reloj.

Respuesta: _______________

1.MD.B.3

CONSEJO del DÍA

Los horarios se repiten 2 veces al día. Las horas de la mañana corresponden a la primera parte del día (desde la medianoche hasta el mediodía). Las horas de la tarde corresponden a la segunda parte del día (desde el mediodía hasta la medianoche).

SEMANA 17 : DÍA 5

1. ¿Qué reloj marca las 10:00?

1   2   3   4

A. 1   **C.** 3
B. 2   **D.** 4

1.MD.B.3

2. ¿Qué relojes muestran la misma hora?

1   2   3   4

A. 3 y 2
B. 4 y 1
C. 2 y 1
D. 3 y 4

1.MD.B.3

3. ¿Qué hora marca el reloj?

Respuesta: ______________

1.MD.B.3

4. ¿Qué relojes muestran la misma hora?

1   2   3   4

A. 1 y 2   **C.** 1 y 4
B. 2 y 3   **D.** 2 y 4

1.MD.B.3

5. ¿Qué reloj marca la 1 y media?

1   2   3   4

A. 1   **C.** 3
B. 2   **D.** 4

1.MD.B.3

6. ¿Qué hora indica el reloj?

Respuesta: ______________

1.MD.B.3

DÍA 6
Desafío

¿Qué relojes muestran
la misma hora?

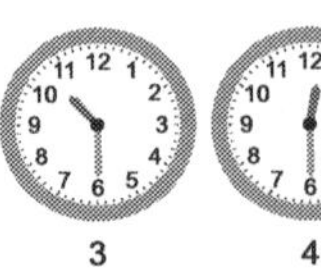

1   2   3   4

____

1.MD.B.3

112

SEMANA 18

La Semana 18 se trata la representación y interpretación de los datos.

Puede encontrar explicaciones detalladas en vídeo de cada problema del libro visitando ArgoPrep.com/ccm1

La Sra. Sanders tiene rosas, tulipanes y manzanillas en su jardín. El número de flores está en la tabla de abajo. Utiliza el gráfico para responder a las preguntas 1 a 3.

	Rosas	Tulipanes	Manzanillas
7			
6		■	
5		■	
4	■	■	■
3	■	■	■
2	■	■	■
1	■	■	■

El siguiente gráfico muestra a los estudiantes que disfrutan de ir al parque, al cine o subir a las montañas rusas.

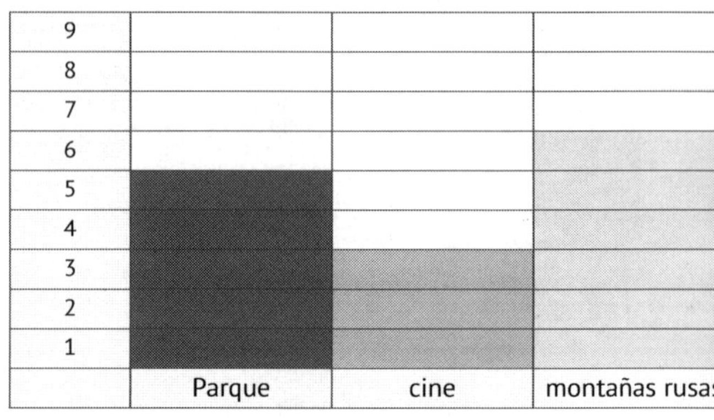

	Parque	cine	montañas rusas
9			
8			
7			
6			■
5	■		■
4	■		■
3	■	■	■
2	■	■	■
1	■	■	■

1. ¿Cuántas flores tiene la Sra. Sanders en total?

- **A.** 12
- **B.** 13
- **C.** 14
- **D.** 15

1.MD.C.4

2. ¿Cuántas más manzanillas hay que rosas?

- **A.** 1
- **B.** 2
- **C.** 3
- **D.** 4

1.MD.C.4

3. ¿Qué flor es la más popular en el jardín de la Sra. Sanders?

- **A.** Rosa
- **B.** Tulipán
- **C.** Manzanilla

1.MD.C.4

4. ¿Qué actividad les gusta más a los estudiantes según este gráfico?

- **A.** Parque
- **B.** Cine
- **C.** Montañas rusas

1.MD.C.4

5. ¿Cuántos estudiantes en total están representados en este gráfico de arriba?

- **A.** 13
- **B.** 14
- **C.** 15
- **D.** 16

1.MD.C.4

6. ¿Cuántos estudiantes más eligieron la montaña rusa que el cine?

- **A.** 1
- **B.** 2
- **C.** 3
- **D.** 4

1.MD.C.4

CONSEJO del DÍA

Es muy importante que sepas entender los datos cuando se presentan en un gráfico o una tabla.

En el café los visitantes compraron Coca-Cola, té y café. Utiliza la tabla para responder a las preguntas 1 a 3.

Bebidas elegidas		
9		
8		
7		
6		
5		
4		
3		
2		
1		
Coca-cola	Té	Café

Los niños eligieron un globo rojo, amarillo o verde para la fiesta. Utiliza la tabla para responder a las preguntas 4 a 6.

	Globos rojos	globos amarillos	globos verdes
9			
8			
7			
6			
5			
4			
3			
2			
1			

1. ¿Cuántos visitantes había en el café?

A. 16 C. 18
B. 17 D. 19

1.MD.C.4

4. ¿Cuántos globos había en total según la tabla?

A. 15 C. 17
B. 16 D. 18

1.MD.C.4

2. ¿Qué bebida fue la menos popular?

A. Coca-cola C. Café
B. Té

1.MD.C.4

5. ¿Qué color de globo fue el más elegido por los niños?

A. Rojo C. Azul
B. Amarillo

1.MD.C.4

3. ¿Cuántos más visitantes eligieron Coca-cola que té?

A. 1 C. 3
B. 2 D. 4

1.MD.C.4

6. ¿Cuántos globos amarillos más que los verdes fueron elegidos por los niños?

A. 2 C. 4
B. 3 D. 5

1.MD.C.4

CONSEJO del DÍA

Cuando observes un gráfico de barras, presta atención a los valores indicados en el gráfico. Esto te ayudará a averiguar los valores que representan las barras.

La Sra. Smith tiene un cierto número de gatos, perros y conejos que están representados en la tabla. Utiliza la siguiente tabla para responder a las preguntas 1 a 3.

9			
8			
7			
6			
5			
4			
3			
2			
1			
	gato	perro	conejo

La siguiente tabla representa los diferentes colores de los uniformes que llevan los alumnos que asisten a la clase de gimnasia.

	Selección de uniforme deportivo		
10			
9			
8			
7			
6			
5			
4			
3			
2			
1			
	Azul	amarillo	rojo

1. ¿Cuántos más gatos hay que conejos?

A. 1   C. 3
B. 2   D. 4

1.MD.C.4

2. ¿Cuántos más conejos hay que perros?

A. 1   C. 3
B. 2   D. 4

1.MD.C.4

3. ¿Cuál es el número total de mascotas que se muestra en el gráfico?

A. 16   C. 14
B. 15   D. 13

1.MD.C.4

4. ¿Qué uniforme deportivo es el más popular entre los niños?

A. Azul   C. Rojo
B. Amarillo

1.MD.C.4

5. ¿Cuántos más niños eligieron el uniforme deportivo rojo que el amarillo?

A. 6   C. 4
B. 5   D. 3

1.MD.C.4

6. ¿Cuántos uniformes de color se representan aquí en total?

A. 15   C. 19
B. 18   D. 16

1.MD.C.4

CONSEJO del DÍA

Los gráficos son una buena forma de entender un conjunto o un grupo de datos. Una vez recogidos los datos, convertirlos en un gráfico de barras te ayuda a entender la información que has recogido.

Se realizó una encuesta en una clase para ver cuántos estudiantes tenían un pez, pájaro o perro como mascota. Los resultados se muestran a continuación.

Steven observaba los coches que pasaban por la calle a través de la ventana de su casa. Decidió anotar la cantidad de coches que veía pasar.

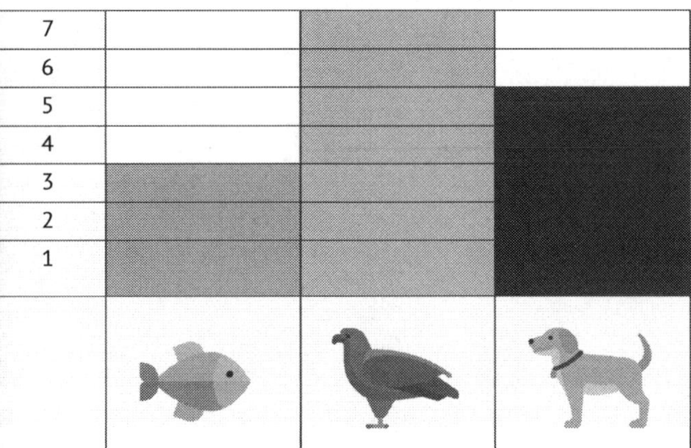

1. ¿Cuántas mascotas hay en total en la tabla?

A. 14   C. 16
B. 15   D. 17

1.MD.C.4

2. ¿Cuántos más estudiantes hay que tienen un pájaro como mascota que un pez?

A. 2
B. 3
C. 4
D. 5

1.MD.C.4

3. ¿Qué color de coche anotó Steven más veces?

A. Rojo   C. Amarillo
B. Blanco

1.MD.C.4

4. ¿Cuántos coches blancos más que coches rojos se registraron en el gráfico?

A. 1   C. 3
B. 2   D. 4

1.MD.C.4

5. ¿Cuántos coches grabó Steven en total?

A. 12   C. 14
B. 13   D. 15

1.MD.C.4

CONSEJO del DÍA

Puedes leer un gráfico de barras, pero ¿puedes crear uno? Cuando crees un gráfico de barras, asegúrate de etiquetar todo. Es importante saber de qué trata el gráfico y qué representan las barras.

Los alumnos eligieron un perrito caliente, una hamburguesa o una pizza para comer. Utiliza la tabla para responder a las preguntas 1 a 3.

7			
6			
5			
4			
3			
2			
1			
	🌭	🍔	🍕

Utiliza la tabla a continuación para responder a las preguntas 4-6.

9			
8			
7			
6			
5			
4			
3			
2			
1			
	✏️	📓	🖊️

1. ¿Qué comida es la más popular?

   A. Perro caliente
   B. Hamburguesa
   C. Pizza

   1.MD.C.4

2. ¿Cuántos estudiantes eligieron el perrito caliente más que la pizza?

   A. 1   **C.** 3
   B. 2   **D.** 4

   1.MD.C.4

3. ¿Cuál es el número total de estudiantes representados en el gráfico?

   A. 12   **C.** 14
   B. 13   **D.** 15

   1.MD.C.4

4. ¿Cuántos lápices hay más que rotuladores?

   A. 1   **C.** 3
   B. 2   **D.** 4

   1.MD.C.4

5. ¿Cuántos cuadernos hay más que rotuladores?

   A. 1   **C.** 3
   B. 2   **D.** 4

   1.MD.C.4

6. ¿Cuál es el número total de lápices, cuadernos y rotuladores que aparece en la tabla anterior?

   A. 15   **C.** 17
   B. 16   **D.** 18

   1.MD.C.4

DÍA 6

Desafío

Hay 5 coches rojos, 4 coches azules y 2 coches negros en el aparcamiento. ¿Cuántos coches rojos más hay que coches negros en el aparcamiento?

1.MD.C.4

VIDEO
EXPLICACIONES

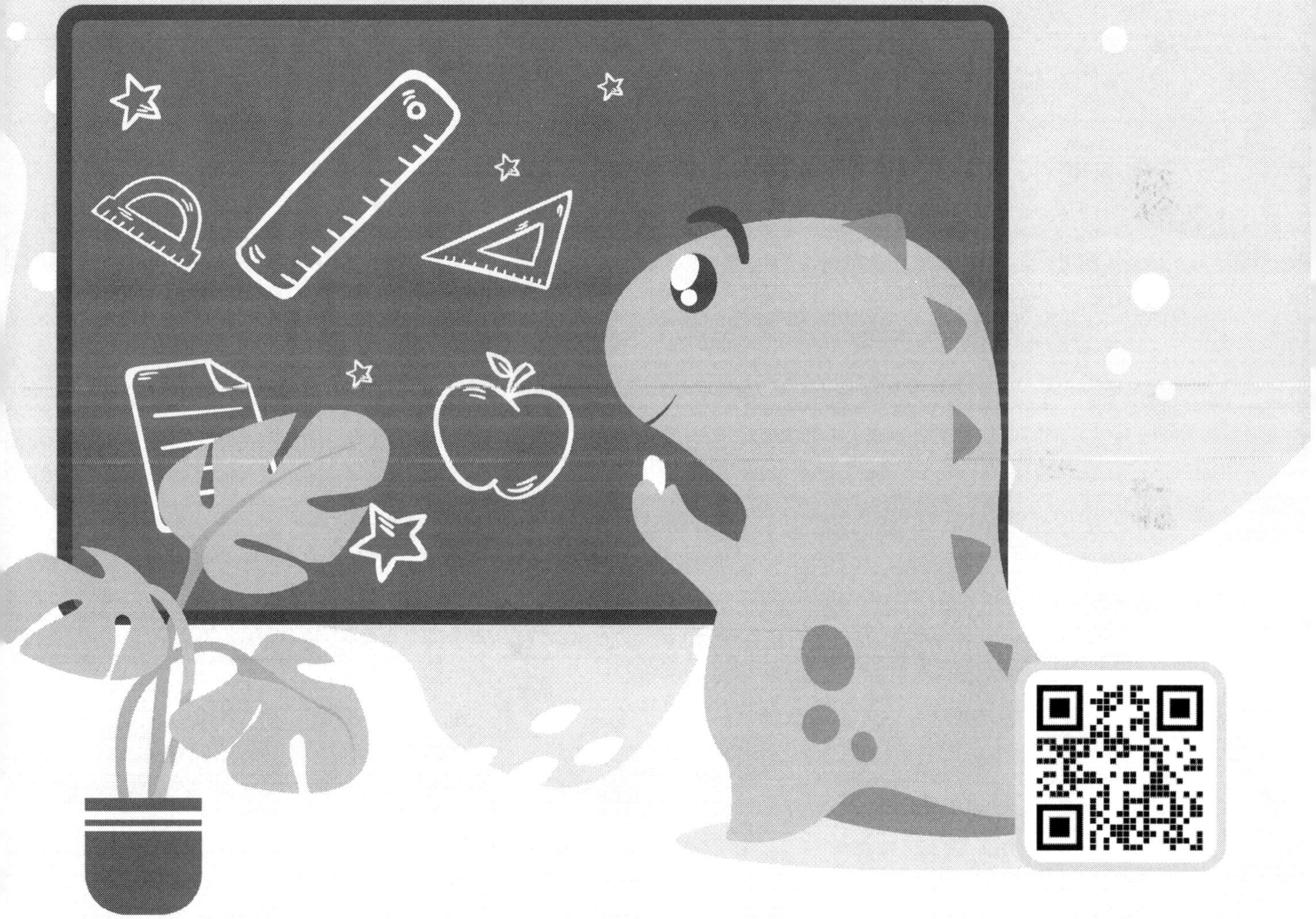

En la semana 19, vamos a aprender sobre las diferentes formas y sus atributos.

Puede encontrar explicaciones detalladas en vídeo de cada problema del libro visitando
ArgoPrep.com/ccm1

1. ¿Cuántos cuadrados cuentas?

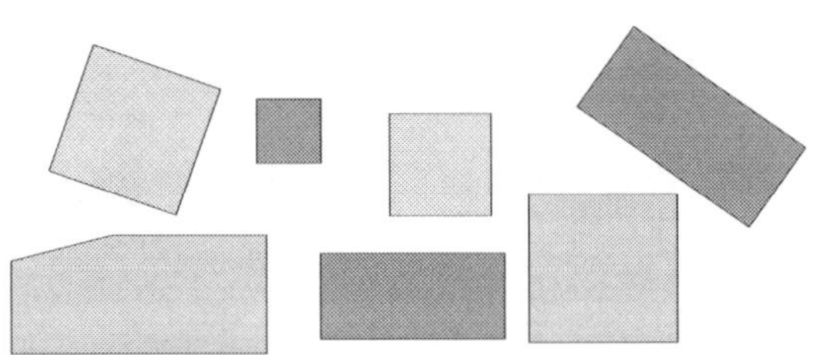

A. 2   C. 4
B. 3   D. 5

1.GA.1

2. ¿Qué figura NO es un cuadrado?

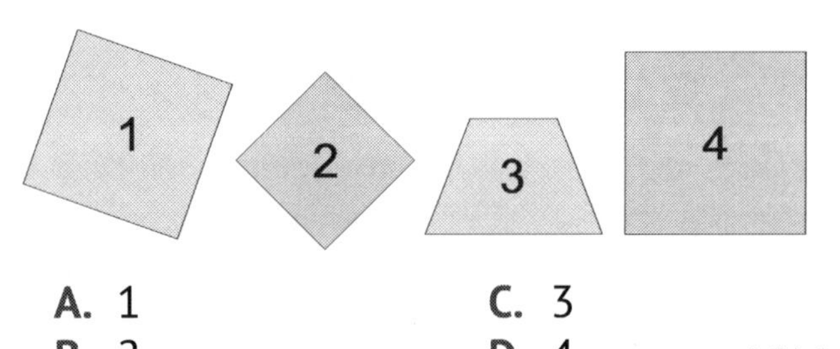

A. 1   C. 3
B. 2   D. 4

1.GA.1

3. ¿Por qué esta figura NO es un hexágono?

A. Es gris.
B. No tiene seis ángulos.
C. Los lados se tocan.
D. Es grande.

1.GA.1

4. ¿Cuántos lados tiene un trapezoide?

A. 3
B. 4
C. 5
D. 6

1.GA.1

5. Estas figuras son triángulos.

¿Por qué esta figura NO es un triángulo?

A. Es otro color.
B. Es más pequeña.
C. Es un cuadrado.
D. Tiene cuatro ángulos.

1.GA.1

6. ¿Qué figura es un pentágono?

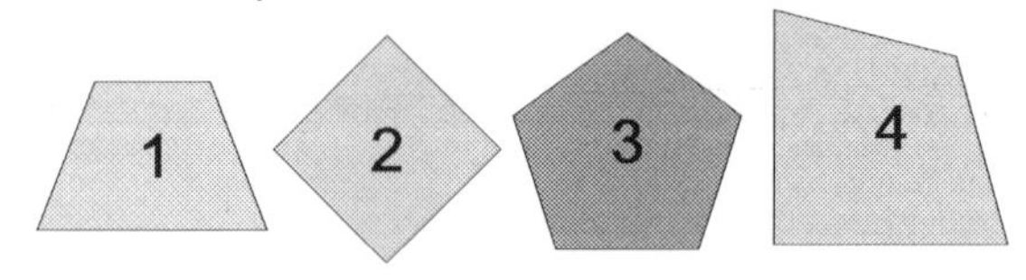

Respuesta: ______________

1.GA.1

1. Estás haciendo un trapecio. ¿Cuántas líneas más tienes que dibujar?

- A. 1
- B. 2
- C. 3
- D. 4

1.GA.1

4. Un rectángulo siempre …

- A. Tiene tres lados
- B. Es más grande que otras figuras
- C. Es más pequeña que otras figuras
- D. Tiene cuatro ángulos

1.GA.1

2. ¿Qué figura es un cuadrado?

- A. 1
- B. 2
- C. 3
- D. 4

1.GA.1

5. ¿Qué figura es un hexágono?

- A. 1
- B. 2
- C. 3
- D. 4

1.GA.1

3. ¿Cuántos pentágonos cuentas?

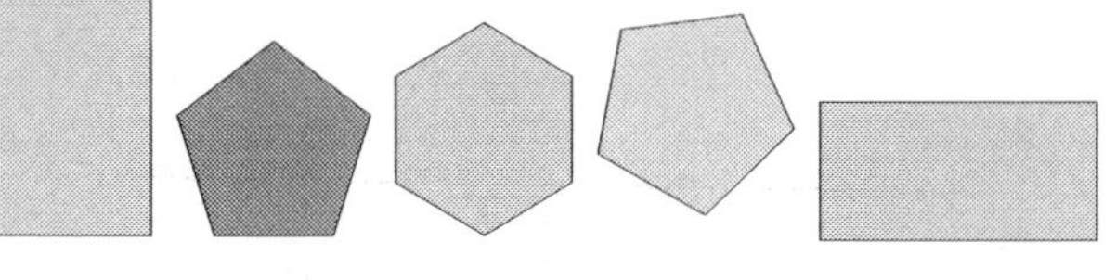

- A. 1
- B. 2
- C. 3
- D. 4

1.GA.1

6. Un triángulo NUNCA puede…

- A. tener lados de longitudes diferentes.
- B. estar inclinado.
- C. tener cuatro lados.
- D. ser más grande que un trapecio.

1.GA.1

CONSEJO del DÍA

Las figuras que están formadas por lados rectos tienen ángulos donde los lados se doblan. El número de ángulos es el mismo que el número de lados.

1. ¿Cuántos triángulos cuentas?

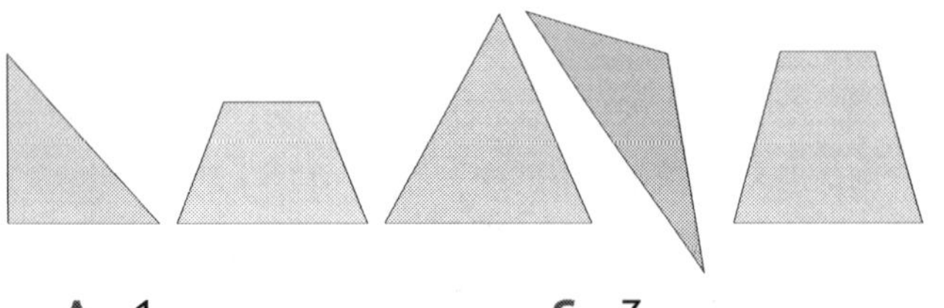

A. 1 **C.** 3
B. 2 **D.** 4

1.GA.1

2. ¿Qué figura se puede hacer con estas líneas?

A. Triángulo
B. Cuadrado
C. Pentágono
D. Rectángulo

1.GA.1

3. ¿Cuál es la diferencia entre un cuadrado y un trapecio?

A. Un cuadrado tiene menos ángulos.
B. Los cuadrados son más pequeños que los trapecios.
C. Un cuadrado es más largo que un trapecio.
D. Un cuadrado tiene todos los lados iguales.

1.GA.1

4. Estas figuras son cuadrados.

¿Por qué esta figura NO es un cuadrado?

A. Tiene lados con longitudes diferentes.
B. El color es diferente.
C. El tamaño es diferente.
D. Es más largo.

1.GA.1

5. ¿Cuántos lados tiene un hexágono?

A. 3 **C.** 5
B. 4 **D.** 6

1.GA.1

6. Un cuadrado NUNCA puede ...

A. tener cuatro lados.
B. tener lados de diferente longitud.
C. tener dos lados que no se tocan.
D. tener cuatro ángulos.

1.GA.1

CONSEJO del DÍA

Ten cuidado con las preguntas que dicen NO.

1. ¿Cuántos triángulos cuentas?

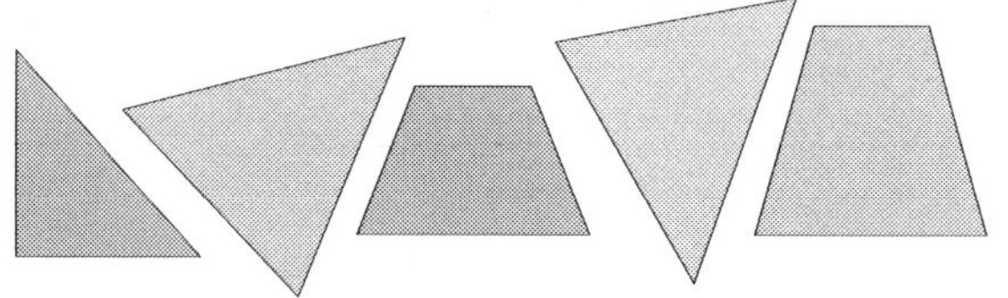

A. 1
B. 2
C. 3
D. 4

1.GA.1

2. ¿Cuántos triángulos cuentas?

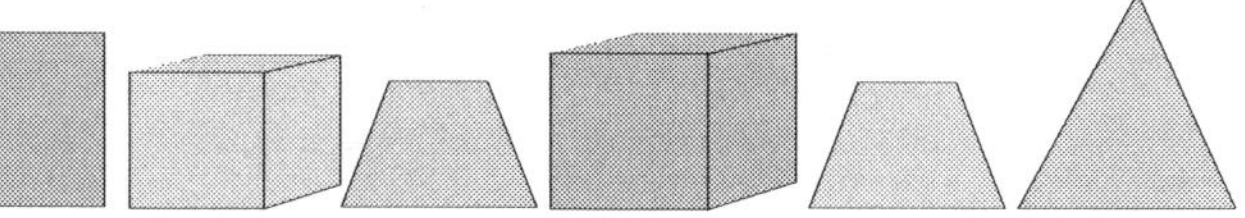

A. 1
B. 2
C. 3
D. 4

1.GA.1

3. Un trapezoide NUNCA puede...

A. tener lados de diferente longitud.
B. tener cuatro ángulos.
C. ser más grande que un rectángulo.
D. tener lados de la misma longitud.

1.GA.1

4. Estás haciendo un hexágono. ¿Cuántas líneas más necesitas dibujar?

A. 2
B. 3
C. 4
D. 5

1.GA.1

5. ¿Cuántos lados tiene un rectángulo?

A. 3
B. 4
C. 5
D. 6

1.GA.1

6. ¿Cuál es la diferencia entre un pentágono y un trapecio?

A. Un pentágono tiene cinco lados.
B. Un pentágono es más grande que un trapezoide.
C. Los lados de un pentágono no se tocan.
D. Un pentágono tiene ángulos.

1.GA.1

CONSEJO del DÍA

Sé consciente de las diferencias entre un círculo, un triángulo, un cuadrado, un rectángulo y un pentágono.

1. ¿Qué figura NO es un triángulo?

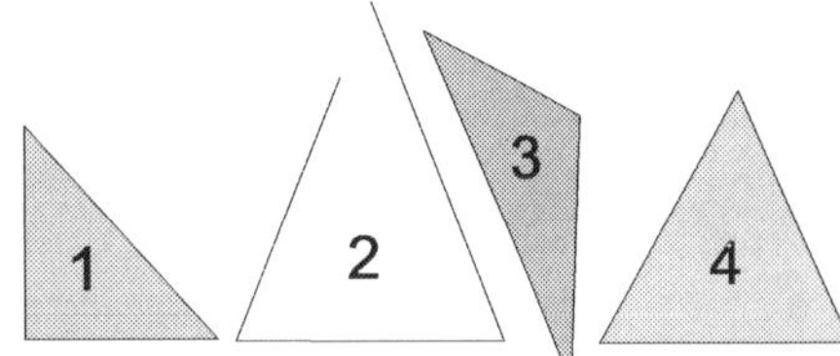

A. 1
B. 2
C. 3
D. 4

1.GA.1

2. Todas estas formas son rectángulos.

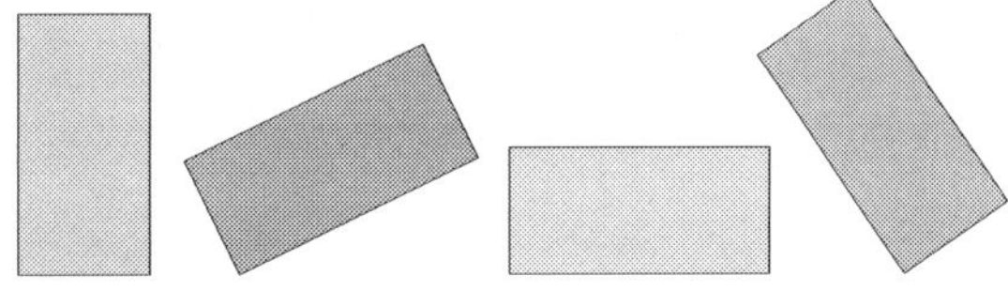

¿Por qué esta forma NO es un rectángulo?

A. Tiene cuatro lados.
B. Tiene todos los lados iguales.
C. No tiene ángulos.
D. Tiene tres lados.

1.GA.1

3. ¿Cuántos ángulos más tiene un pentágono que un triángulo?

A. 1
B. 2
C. 3
D. 4

1.GA.1

4. ¿Qué tienen en común estas formas?

A. Tienen el mismo tamaño.
B. Tienen lados iguales.
C. Son del mismo color.
D. Tienen cuatro ángulos.

1.GA.1

5. Un pentágono NUNCA puede...

A. tener seis ángulos.
B. tener lados iguales.
C. ser más pequeño que un cuadrado.
D. ser más grande que un cuadrado.

1.GA.1

DÍA 6
Desafío

¿Qué forma geométrica tiene un libro?

____

1.GA.1

¡Vaya! Felicidades por haber llegado tan lejos. En la semana 20, aprenderemos sobre las figuras bidimensionales, las figuras tridimensionales y cómo dividir círculos y rectángulos en dos o cuatro partes iguales.

Puede encontrar explicaciones detalladas en vídeo de cada problema del libro visitando ArgoPrep.com/ccm1

SEMANA 20 : DÍA 1

1. Esta forma está hecha de...

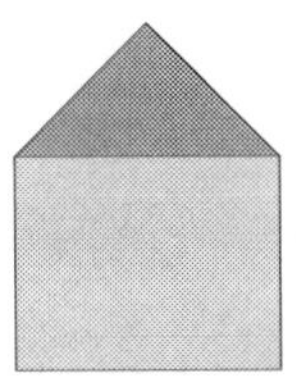

- **A.** Un cuadrado y un trapecio
- **B.** Un cuadrado y un triángulo
- **C.** Dos cuadrados
- **D.** Tres triángulo

1.GA.2 & 1.GA.3

2. Puedes juntar dos trapezoides para hacer...

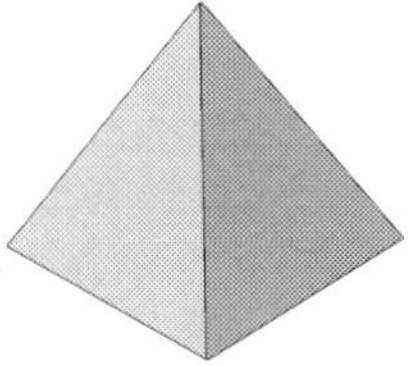

- **A.** 1
- **B.** 2
- **C.** 3
- **D.** 4

1.GA.2 & 1.GA.3

3. Esta figura se compone de...

- **A.** Dos triángulos
- **B.** Tres triángulos
- **C.** Cuatro triángulos
- **D.** Un triángulo y un cuadrado

1.GA.2 & 1.GA.3

4. Puedes juntar dos triángulos para hacer ...

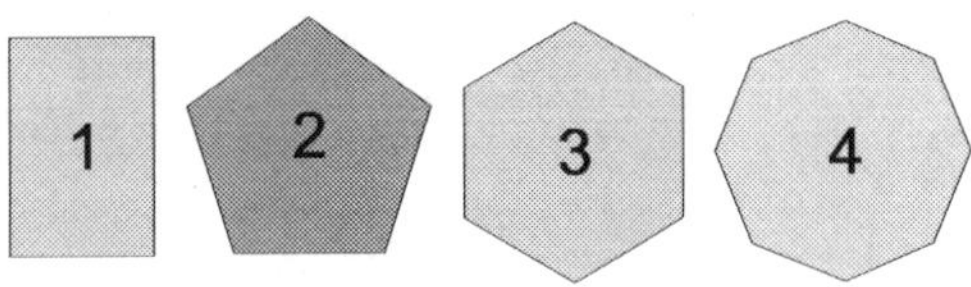

- **A.** Un cuadrado
- **C.** Un rectángulo
- **B.** Un trapezoide
- **D.** Un triángulo

1.GA.2 & 1.GA.3

5. Quieres hacer este cilindro. Puedes hacer el cilindro con ...

- **A.** Un círculo y un rectángulo
- **B.** Un círculo y un triángulo
- **C.** Un círculo y dos rectángulos
- **D.** Dos círculos y un rectángulo

1.GA.2 & 1.GA.3

6. ¿Qué figura podría estar formada de estos tres triángulos?

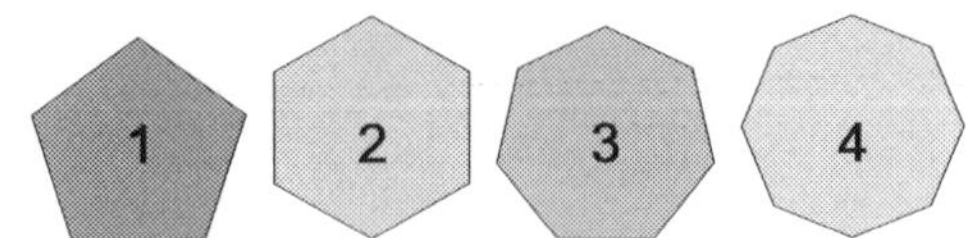

- **A.** 1
- **C.** 3
- **B.** 2
- **D.** 4

1.GA.2 & 1.GA.3

CONSEJO del DÍA

Tanto los rectángulos como los cuadrados se hacen con 4 líneas rectas.

1. Puedes juntar dos triángulos para hacer …

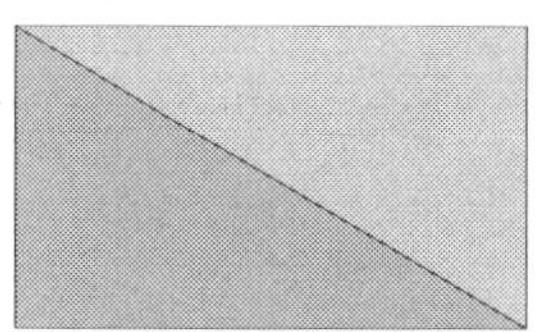

A. Un triángulo
B. Un rectángulo
C. Un pentágono
D. Un trapezoide

1.GA.2 & 1.GA.3

2. Harry está utilizando seis cuadrados de cartón para hacer una forma tridimensional. ¿Qué forma quiere hacer Harry?

A. Un hexágono
B. Un cilindro
C. Un cono
D. Un cubo

1.GA.2 & 1.GA.3

3. Un trapezoide podría estar formado de…

A. Dos rectángulos
B. Un rectángulo y un triángulo
C. Un triángulo y dos rectángulos
D. Un rectángulo y dos triángulos

1.GA.2 & 1.GA.3

4. ¿Qué figuras necesitas usar para hacer un cono?

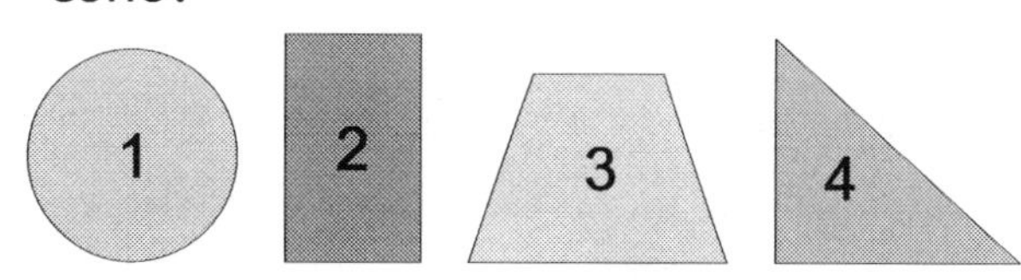

A. 1 y 2
B. 2 y 3
C. 3 y 4
D. 4 y 1

1.GA.2 & 1.GA.3

5. Una estrella podría estar formada de…

A. Un pentágono y cinco triángulos
B. Un cuadrilátero y cinco triángulos
C. Seis triángulos
D. Dos cuadrados y cinco triángulos

1.GA.2 & 1.GA.3

6. ¿Qué forma tiene un semicírculo?

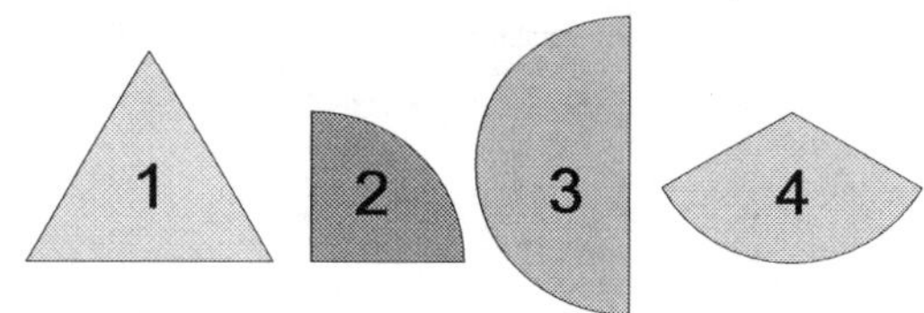

A. 1
B. 2
C. 3
D. 4

1.GA.2 & 1.GA.3

CONSEJO del DÍA

Los rectángulos tienen dos conjuntos de lados equivalentes con longitudes iguales, mientras que todos los lados de un cuadrado tienen la misma longitud.

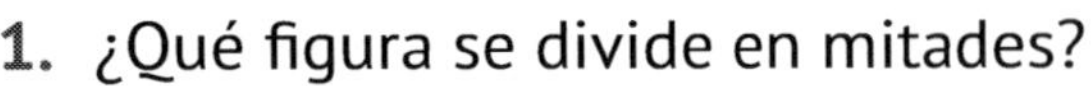

1. ¿Qué figura se divide en mitades?

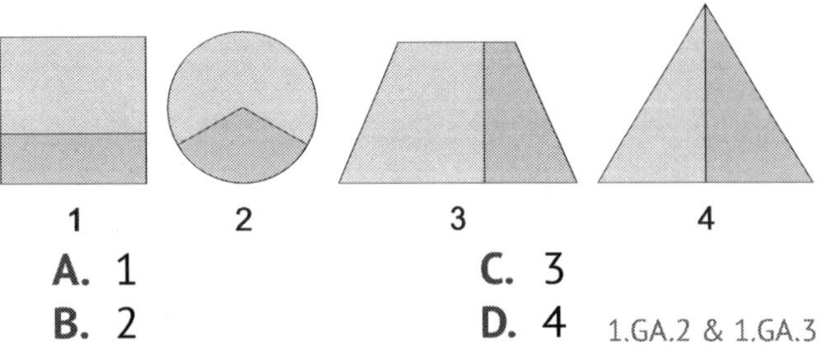

1   2   3   4

A. 1

B. 2

C. 3

D. 4

1.GA.2 & 1.GA.3

2. Esta forma está hecha de...

A. Dos triángulos y un rectángulo

B. Dos triángulos y tres rectángulos

C. Un triángulo y un rectángulo

D. Un triángulo y tres rectángulos

1.GA.2 & 1.GA.3

3. ¿Qué forma se divide en cuartos?

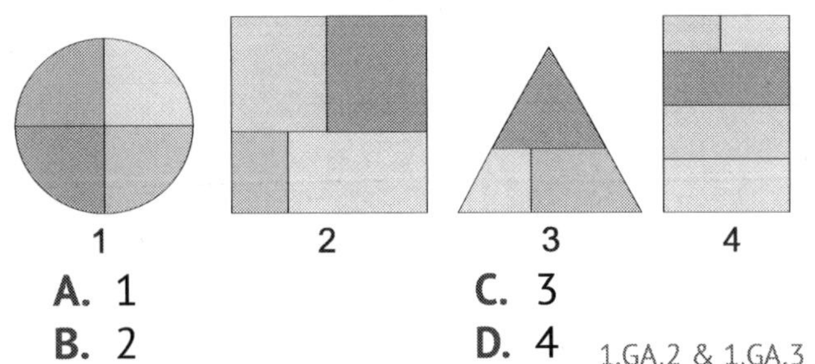

1   2   3   4

A. 1

B. 2

C. 3

D. 4

1.GA.2 & 1.GA.3

4. ¿Cuántos cuadrados de papel se utilizar para hacer la forma que se muestra en e dibujo?

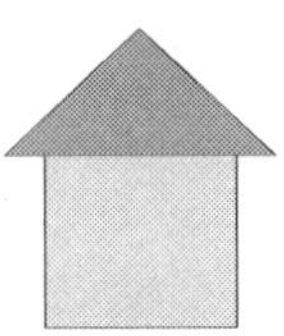

A. Dos cuadrados

B. Un cuadrado y un medio cuadrado

C. Un cuadrado y un cuarto de cuadrad

D. Tres cuadrados

1.GA.2 & 1.GA.3

5. ¿Qué figura es un cuarto de círculo?

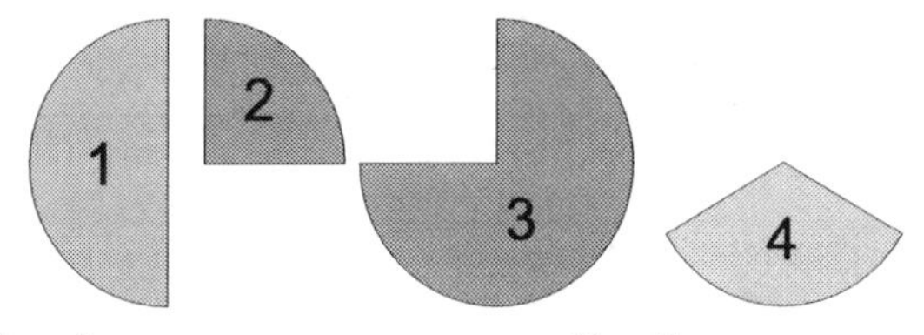

A. 1

B. 2

C. 3

D. 4

1.GA.2 & 1.GA.3

6. ¿Qué figura NO está dividida en cuartos?

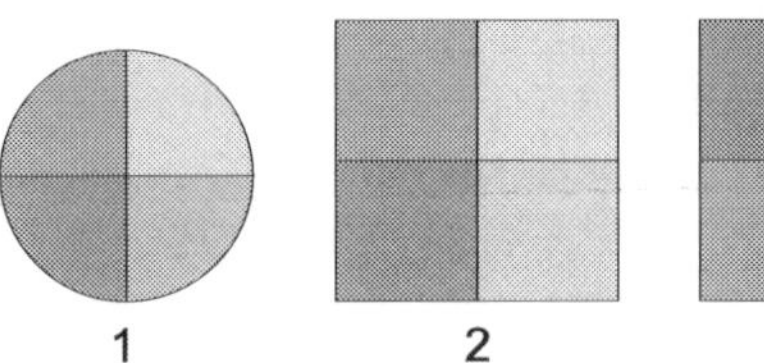

1   2   3   4

A. 1

B. 2

C. 3

D. 4

1.GA.2 & 1.GA.3

CONSEJO del DÍA

Un triángulo siempre tiene 3 lados.

1. ¿Qué rectángulo se divide en cuartos?

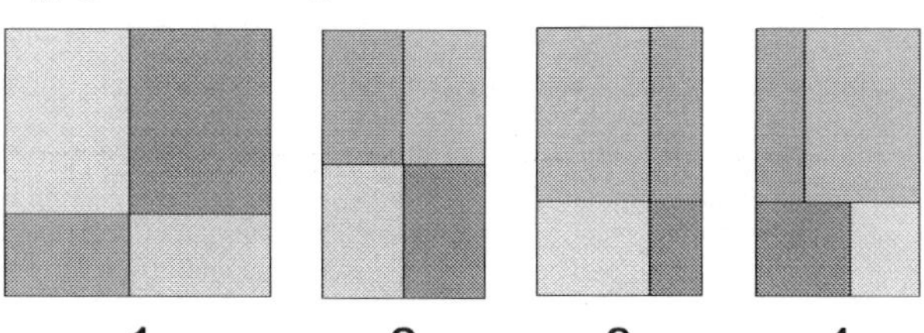

1   2   3   4

A. 1
B. 2
C. 3
D. 4

1.GA.2 & 1.GA.3

2. Esta figura se hace de ...

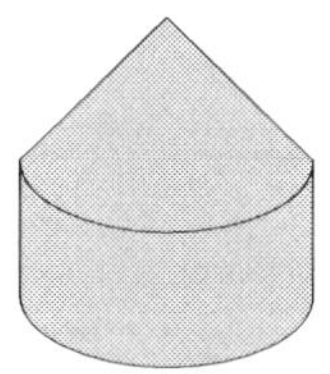

A. Un triángulo y un rectángulo
B. Un triángulo y un cuadrado
C. Un triángulo, un rectángulo y dos círculos
D. Un cilindro y un cono

1.GA.2 & 1.GA.3

3. Mia pidió media pizza y Chloé pidió dos cuartos de pizza. ¿Quién comió más?

Respuesta: ________________

1.GA.2 & 1.GA.3

4. ¿Cuántas figuras de este tipo se necesitan para formar un círculo?

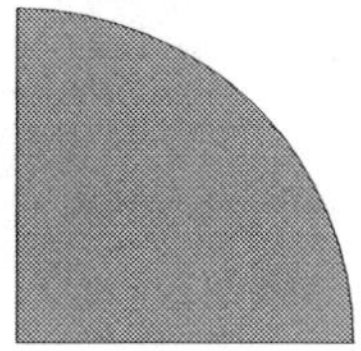

A. 2
B. 3
C. 4
D. 6

1.GA.2 & 1.GA.3

5. Si se divide el cuadrado como se muestra en la imagen, ¿cuántos cuartos obtenemos?

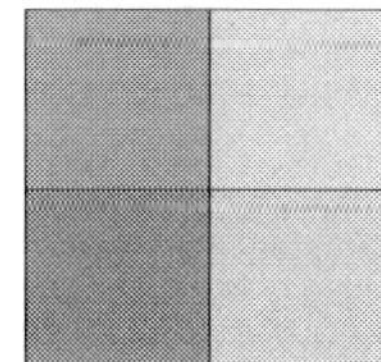

Respuesta: ________________

1.GA.2 & 1.GA.3

6. Mateo le dio la mitad de una tarta a Vicky. ¿En cuántas partes dividió Mateo la tarta?

Respuesta: ________________

1.GA.2 & 1.GA.3

CONSEJO del DÍA

Hay que dividir una figura en partes iguales para poder asignarle una fracción unitaria. Si una figura tiene cuatro partes, y son de igual tamaño, cada una de ellas se llamaría 1/4.

1. ¿Qué figura NO está dividida en cuartos?

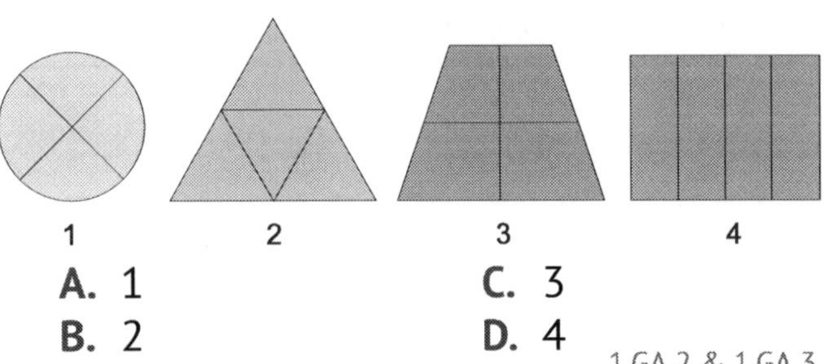

A. 1   **C.** 3

B. 2   **D.** 4

1.GA.2 & 1.GA.3

2. ¿Cuántos cuartos de cuadrado hay en el dibujo?

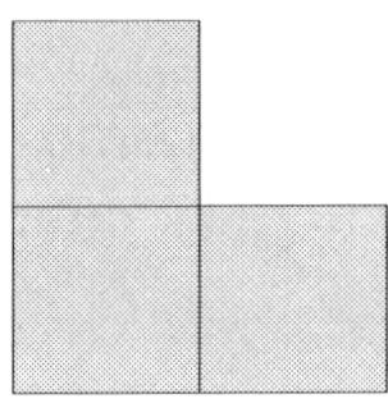

Respuesta: _______________   1.GA.2 & 1.GA.3

3. Logan quiere hacer un dibujo que ocupa un cuarto de una hoja. ¿Cómo tiene que colocar Logan el dibujo en una hoja?

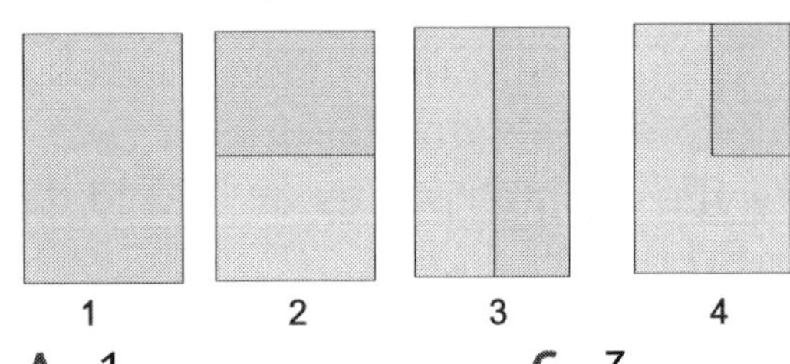

A. 1   **C.** 3

B. 2   **D.** 4   1.GA.2 & 1.GA.3

4. Observa la siguiente imagen. ¿Qué cilindro es igual a la cuarta parte del cilindro más grande?

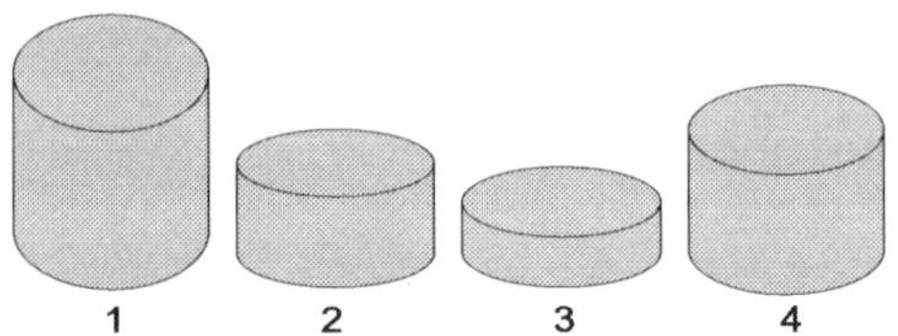

A. 1   **C.** 3

B. 2   **D.** 4   1.GA.2 & 1.GA.3

5. ¿De cuántos cuartos es la figura A más pequeña que la figura B?

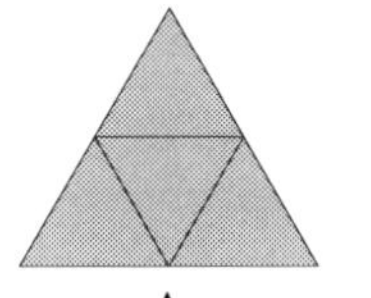

A. Un cuarto   **C.** Tres cuartos

B. Dos cuartos   **D.** Cuatro cuartos

1.GA.2 & 1.GA.3

6. En la imagen puedes ver una parte de un círculo. ¿Cuántos cuartos se necesitan para hacer un círculo entero?

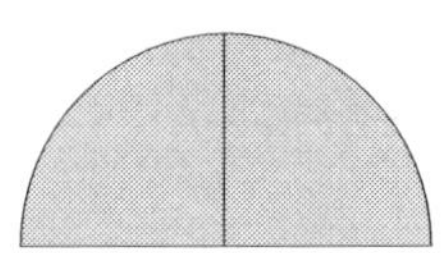

A. 1   **C.** 3

B. 2   **D.** 4   1.GA.2 & 1.GA.3

DÍA 6
Desafío

¿Qué es más grande: dos mitades o tres cuartos?

____

1.GA.2 & 1.GA.3

EL
FIN

¡Excelente trabajo por haber completado todas las 20 semanas! Estarás listo para cualquier examen.

Intenta esta evaluación para ver cuánto has aprendido - ¡buena suerte!

EVALUACIÓN

1. Ocho niños jugaban en el parque infantil. Más niños llegaron a jugar. Ahora hay 15 niños en el parque infantil. ¿Cuántos niños han llegado?

$$8 + \boxed{} = 15$$

A. 5
B. 6
C. 7
D. 8

2. Oliver tenía 14 lápices. Le dio algunos lápices a su hermana. Ahora Oliver tiene 8 lápices. ¿Cuántos lápices le dio Oliver a su hermana?

$$14 - \boxed{} = 8$$

A. 5
B. 6
C. 7
D. 8

3. Isabel tenía 16 libros. Regaló 9 libros a la biblioteca. ¿Cuántos libros tiene ahora?

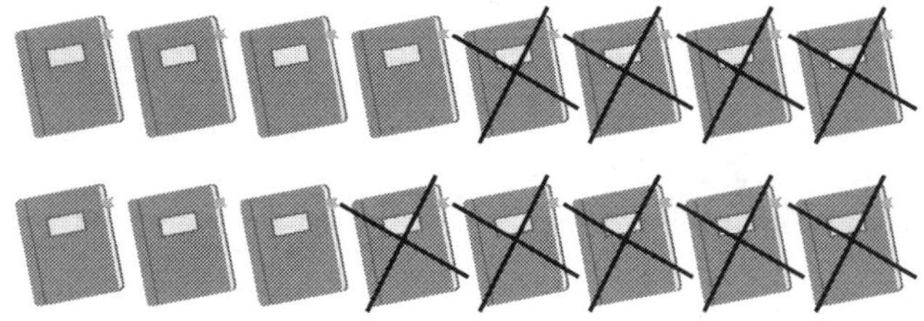

Respuesta: _______________

4. William tiene 6 barcos de juguete, Gabe tiene 7 barcos de juguete y Nolan sólo tiene 3 barcos de juguete. ¿Cuántos barcos de juguete tienen los amigos en total?

$$6 + 7 + 3 = \boxed{}$$

A. 14
B. 15
C. 16
D. 17

5. En una bolsa hay canicas verdes, amarillas y blancas. La bolsa tiene un total de 18 canicas. Si hay 9 canicas verdes y 5 amarillas, ¿cuántas canicas blancas hay en la bolsa?

$$9 + 5 + \boxed{} = 18$$

A. 4
B. 5
C. 6
D. 7

6. Hannah, Charlotte y Patty hicieron un total de 20 dibujos. Hannah hizo 6 dibujos, Charlotte hizo 7 dibujos. ¿Cuántos dibujos hizo Patty?

$$6 + 7 + \boxed{} = 20$$

A. 4
B. 5
C. 6
D. 7

7. ¿Cuál de las siguientes frases numéricas es igual a 4 + 15 = 19?

   A. 4 + 5 = 9
   B. 5 + 15 = 20
   C. 14 + 4 = 18
   D. 15 + 4 = 19

8. Completa el espacio en blanco:

$$12 + 5 = 11 + \boxed{} + 2$$

   A. 3
   B. 4
   C. 5
   D. 6

9. 8 + 6 + 3 = 17. ¿Qué es 6 + 3 + 8?

   A. 14
   B. 15
   C. 16
   D. 17

10. ¿Qué número puede completar AMBAS frases numéricas?

$$6 + 8 = \boxed{} \qquad \boxed{} - 8 = 6$$

   A. 12
   B. 13
   C. 14
   D. 15

11. Pablo necesita hornear 15 pasteles. Ya ha horneado 8 pasteles. ¿Qué frase numérica muestra cuántos pasteles más necesita hacer Pablo?

   A. $15 - 8 = \boxed{}$
   B. $15 + 8 = \boxed{}$
   C. $\boxed{} - 15 = 8$
   D. $15 - \boxed{} = 8$

12. ¿Qué número puede completar AMBAS frases numéricas?

$$\boxed{} + 4 = 15 \qquad 15 - 4 = \boxed{}$$

Respuesta: _____________

13. Ellie comienza en el número 13. Cuenta hacia atrás 4. ¿En qué número termina Ellie?

A. 11
B. 10
C. 9
D. 8

14. Abigail tenía 12 flores. Recogió 6 más. Luego Abigail regaló 7 flores a su madre. ¿Cuántas flores tiene ahora?

A. 11
B. 12
C. 13
D. 14

15. Mateo tenía 14 juguetes. Luego le regalaron 5 juguetes más. ¿Qué frase numérica muestra cuántos juguetes que tiene ahora?

A. $14 - 5 = 9$
B. $5 + 9 = 14$
C. $14 + 5 = 19$
D. $19 - 5 = 14$

16. $12 + 7 = 10 + 2 + 7 =$

A. 16
B. 17
C. 18
D. 19

17. $16 - 12 = 16 - 10 - 2 =$

A. 3
B. 4
C. 5
D. 6

18. Sam tiene 7 marcadores rojos. Bill tiene 8 marcadores (3 azules y 5 amarillos). ¿Cuántos marcadores tienen Sam y Bill en total?

Respuesta: _______________

19. Hay la misma cantidad de personas en la casa A y en la casa B. Hay 5 personas en la casa A. ¿Cuántas personas hay en la casa B?

Respuesta: _______________

20. ¿Qué oración numérica es verdadera?

A. 12 + 7 = 18
B. 15 - 4 = 12
C. 9 + 8 = 17
D. 14 - 7 = 6

21. ¿Qué oración numérica es FALSA?

A. 5 + 7 = 11
B. 8 + 6 = 14
C. 12 - 7 = 5
D. 14 + 2 = 16

22. ▲ es un número misterioso.
▲ + 14 = 17? ¿Qué es ▲ ?

A. 1
B. 2
C. 3
D. 4

23. En una canasta caben un total de 15 pelotas. Si ya hay 9 pelotas en la canasta, ¿cuántas pelotas más pueden caber en ella?

A. 5
B. 6
C. 7
D. 8

24. ¿Cuál es el número faltante?

$$18 - \boxed{} = 9$$

A. 10
B. 8
C. 11
D. 9

25. Encuentra los números que faltan y elige la respuesta correcta.

1	2	3		5	6	7	8	9	10
11	12	13	14	15	16	17	18	19	20
21	22	23	24	25		27	28	29	30
31	32	33	34	35	36	37	38	39	40
41	42	43	44	45	46	47	48	49	50
51	52	53	54	55	56	57	58	59	60
61	62	63	64	65	66	67	68	69	70
71	72	73	74	75	76	77	78	79	80
81	82	83	84	75	86	87	88	89	90
91	92		94	95	96	97	98	99	100
101	102	103	104	105	106	107	108	109	110
111	112	113	114	115	116		118	119	120

A. 4, 32, 94, 105 **C.** 4, 26, 94, 107

B. 4, 26, 93, 117 **D.** 4, 28, 86, 117

26. ¿Cuántas flores ves en la imagen?

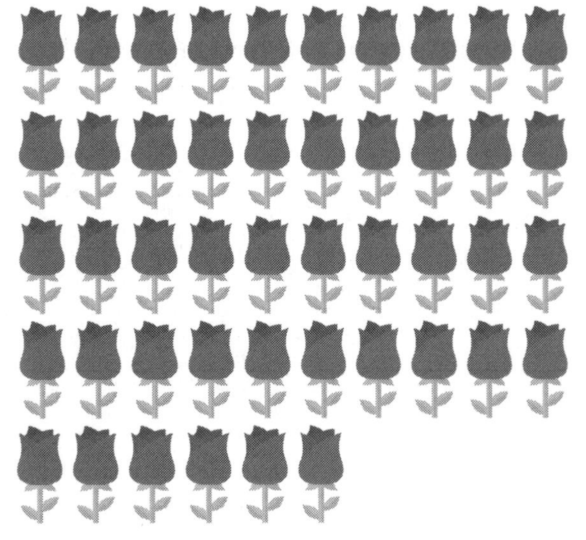

A. 44 **C.** 46

B. 45 **D.** 47

27. ¿Cómo se escribe el número 76 en palabras?

A. Siete y seis
B. Diecisiete y seis
C. Sesenta y siete
D. Setenta y seis

28. Cuenta las pelotas de béisbol. Selecciona la respuesta correcta.

A. 54 **C.** 58

B. 56 **D.** 60

29. Reagrupa la siguiente expresión. Nota: Escribe un número de 0 al 9 en cada casilla.

5 decenas + 18 unidades = ☐ decenas + ☐ unidades

A. 5 y 8
B. 8 y 5
C. 6 y 8
D. 6 y 7

30. ¿Qué opción de respuesta representa el número 73?

A. 7 decenas + 3 decenas
B. 70 decenas + 3 unidades
C. 73 decenas
D. 7 decenas + 3 unidades

31. Observa las secuencias numéricas de abajo y elige de la mayor a la menor.

A. 86, 75, 77, 23
B. 65, 37, 21, 18
C. 37, 65, 89, 77
D. 78, 65, 54, 56

32. ¿Qué palabras hacen que esta afirmación sea verdadera?

45 __________ 54

A. Es mayor que
B. Es menos que
C. Es igual a
D. Es mayor que o igual a

33. Hay 15 estudiantes en el grupo A. Hay 15 estudiantes en el grupo B. Hay 19 estudiantes en el grupo C. Elige la afirmación correcta.

A. Grupo A = Grupo B = Grupo C
B. Grupo A > Grupo B = Grupo C
C. Grupo A < Grupo B < Grupo C
D. Grupo A = Grupo B < Grupo C

34. Escribe la oración de suma que muestra el modelo de abajo.

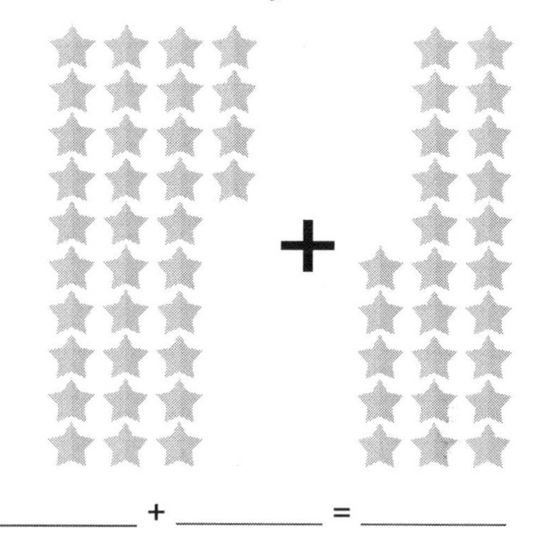

__________ + __________ = __________

35. ¿Cuál de las siguientes opciones es igual a 67 + 23? Elige la opción de respuesta correcta.

A. 70
B. 80
C. 90
D. 100

36. Había 22 pasajeros en un autobús. En otro autobús había 17 pasajeros. ¿Cuántos pasajeros había en ambos autobuses?

A. 2 decenas + 2 unidades + 17 decenas = 37 unidades
B. 22 decenas + 1 decenas + 7 unidades = 37 unidades
C. 2 decenas + 2 decenas + 1 decenas + 7 unidades = 47 unidades
D. 2 decenas + 2 unidades + 1 decenas + 7 unidades = 39 unidades

37. ¿Qué número es 10 menos que 65?

    A. 55
    B. 45
    C. 35
    D. 25

38. Usando la matemática mental, encuentra los números que son 10 menos y 10 más que el número que se muestra abajo.

    __________ , 48 , __________

39. Mark coleccionó 34 postales y Claire coleccionó diez postales más. ¿Cuántos postales coleccionó Claire?

    A. 24
    B. 44
    C. 54
    D. 64

40. ¿Qué oración numérica se empareja con la imagen?

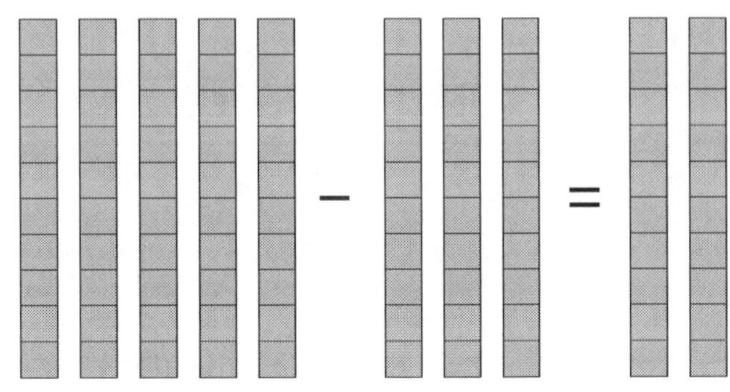

    A. 5 - 3 = 2
    B. 50 - 3 = 20
    C. 5 - 30 = 20
    D. 50 - 30 = 20

41. ¿Cuánto es 80 - 40?

    A. 40
    B. 50
    C. 60
    D. 70

42. ¿Qué oración numérica es igual a 90 - 30?

    A. 50 + 10
    B. 40 + 50
    C. 30 + 40
    D. 30 + 20

EVALUACIÓN

43. Ordena los animales del más corto al más largo.

- **A.** rinoceronte, perro, cebra
- **B.** rinoceronte, cebra, perro
- **C.** cebra, perro, rinoceronte
- **D.** perro, cebra, rinoceronte

46. ¿Cuántas llantas de largo tiene la motocicleta?

- **A.** 6
- **B.** 7
- **C.** 8
- **D.** 9

44. ¿Qué es más largo?

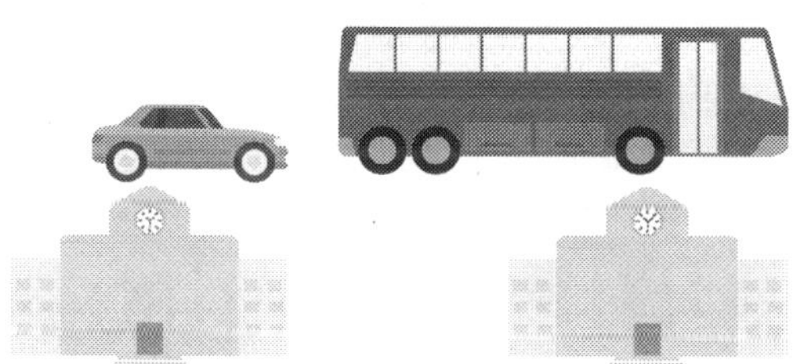

Respuesta: _______________

47. ¿Cuántos botones de largo tienen los pantalones?

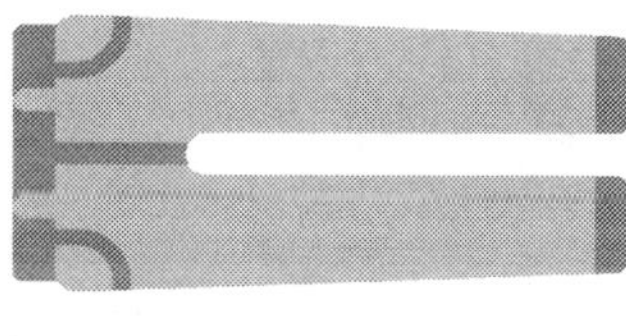

Respuesta: _______________

45. Ordena los artículos de papelería del más largo al más corto.

- **A.** Un lápiz, un cuaderno, una regla
- **B.** Una regla, un cuaderno, un lápiz
- **C.** Un cuaderno, un lápiz, una regla
- **D.** Un cuaderno, una regla, un lápiz

48. ¿Cuántas estrellas de largo tiene la escalera?

- **A.** 6
- **B.** 8
- **C.** 10
- **D.** 12

49. ¿Qué hora marca el reloj?

A. 6:00   **C.** 7:00

B. 6:30   **D.** 7:30

50. ¿Qué relojes marcan la misma hora?

1   2   3   4

A. 1 y 4

B. 2 y 3

C. 3 y 1

D. 4 y 2

51. ¿Qué reloj marca 9:30?

1   2   3   4

A. 1

B. 2

C. 3

D. 4

Se utilizaron hojas verdes, azules y rojas para hacer una corona. Utiliza los gráficos para responder a las preguntas 52 a 54.

	verde	azul	roja
8			
7			
6			
5			
4			
3			
2			
1			

52. ¿Qué color de hojas se usaron más?

A. Verde

B. Azul

C. Roja

53. ¿Cuántas más hojas verdes que hojas azules se usaron?

A. 1

B. 2

C. 3

D. 4

54. ¿Cuántas hojas se usaron en total?

A. 15

B. 16

C. 17

D. 18

55. Estas figuras son cuadrados.

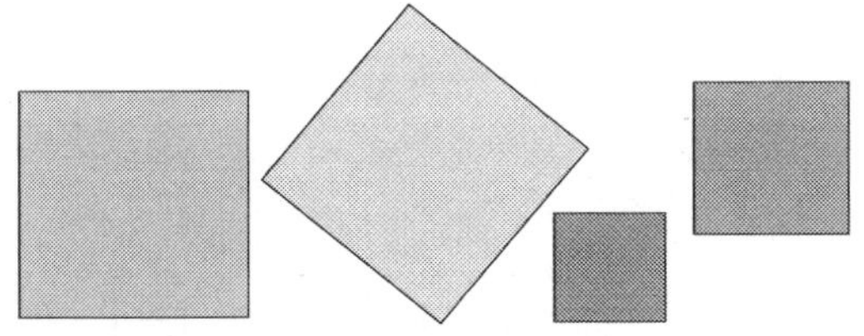

¿Por qué esta figura NO es un cuadrado?

A. Todos los lados no son iguales.
B. El tamaño de la figura es diferente.
C. No se tocan todos lados.
D. Tiene un color diferente.

56. Estás haciendo un hexágono. ¿Cuántas líneas más necesitas dibujar?

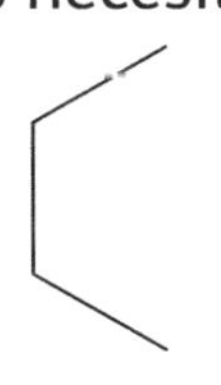

A. 2   C. 4
B. 3   D. 5

57. ¿Cuántos rectángulos necesitas contar?

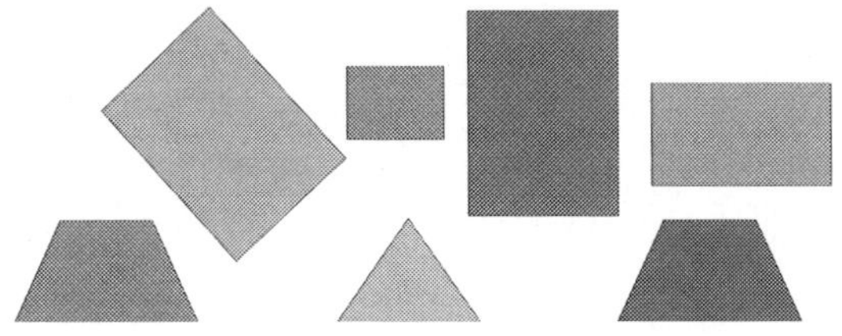

A. 2   C. 4
B. 3   D. 5

58. Esta figura se hace de...

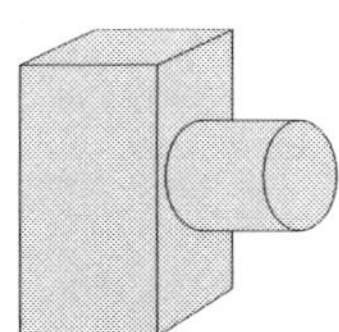

A. Un rectángulo y un cilindro
B. Tres cuadrados y un cilindro
C. Un prisma, un cilindro y un círculo
D. Un prisma y un cilindro.

59. ¿Qué figura NO se divide en cuartos?

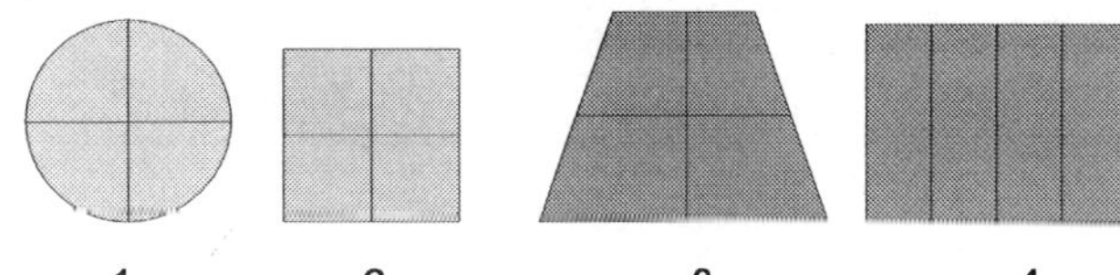

A. 1
B. 2
C. 3
D. 4

60. Wyatt ha comido una tarta de manzana y Audrey una de cereza. Ambas tartas son del mismo tamaño. Wyatt le dio la mitad de su tarta de manzana a Audrey. Audrey le dio dos cuartos de su tarta de cerezas a Wyatt.

¿Quién tiene más ahora? _____________

RESPUESTAS

VIDEO
EXPLICACIONES

RESPUESTAS

SEMANA 1

DÍA 1	DÍA 2	DÍA 3	DÍA 4	DÍA 5
1. B	1. B	1. D	1. 7	1. 9
2. C	2. 14	2. 12	2. A	2. B
3. C	3. B	3. B	3. 7	3. C
4. D	4. A	4. B	4. 16	4. 6
5. B	5. 20	5. 4	5. C	5. C
6. B	6. 8	6. 8	6. 10	

SEMANA 2

DÍA 1	DÍA 2	DÍA 3	DÍA 4	DÍA 5
1. 10	1. C	1. B	1. B	1. C
2. C	2. C	2. C	2. 16	2. D
3. B	3. B	3. 15	3. 9	3. B
4. D	4. C	4. D	4. B	4. B
5. 19	5. A	5. D	5. A	5. B
6. B	6. D	6. 12	6. C	6. C

SEMANA 3

DÍA 1	DÍA 2	DÍA 3	DÍA 4	DÍA 5
1. C	1. D	1. C	1. C	1. C
2. D	2. C	2. C	2. C	2. A
3. B	3. 27	3. 23	3. 85	3. A
4. 90	4. B	4. D	4. D	4. 33
5. D	5. A	5. C	5. C	5. 99
6. C	6. D	6. C	6. B	6. D

SEMANA 4

DÍA 1	DÍA 2	DÍA 3	DÍA 4	DÍA 5
1. C	1. B	1. 20	1. B	1. C
2. A	2. 42	2. B	2. D	2. B
3. 2	3. C	3. 18	3. C	3. B
4. D	4. C	4. 66	4. C	4. C
5. C	5. C	5. C	5. B	5. 5
6. 24	6. 12	6. B		6. 71

SEMANA 5

DÍA 1	DÍA 2	DÍA 3	DÍA 4	DÍA 5
1. A	1. C	1. B	1. D	1. 5
2. B	2. C	2. 26	2. 25	2. 12
3. 21	3. A	3. 2	3. 46	3. C
4. 12	4. D	4. B	4. C	4. C
5. D	5. 22	5. A	5. 16	5. D
6. C	6. B	6. 6	6. 12	6. 22

SEMANA 6

DÍA 1	DÍA 2	DÍA 3	DÍA 4	DÍA 5
1. B	1. 6	1. D	1. 12	1. A
2. B	2. C	2. C	2. 7	2. B
3. D	3. 18	3. 20	3. B	3. 19
4. 19	4. 8	4. 6	4. B	4. 10
5. 5	5. 10	5. 9	5. C	5. D
6. 14	6. 8	6. 17	6. C	6. C

SEMANA 7

DÍA 1	DÍA 2	DÍA 3	DÍA 4	DÍA 5
1. D	1. C	1. B	1. 12	1. A
2. B	2. B	2. B	2. B	2. C
3. C	3. C	3. D	3. B	3. B
4. D	4. C	4. C	4. A	4. 12
5. 4	5. 8	5. 3	5. B	5. A
6. 14	6. D	6. C	6. D	6. C

SEMANA 8

DÍA 1	DÍA 2	DÍA 3	DÍA 4	DÍA 5
1. C	1. D	1. C	1. 6	1. B
2. B	2. B	2. 7	2. B	2. A
3. D	3. C	3. A	3. C	3. 4
4. B	4. 6	4. B	4. B	4. 7
5. 8	5. D	5. D	5. 9	5. B
6. B	6. B	6. 6	6. 5	6. D

RESPUESTAS

SEMANA 9

DÍA 1	DÍA 2	DÍA 3	DÍA 4	DÍA 5
1. B	1. C	1. 38	1. C	1. 10
2. B	2. B	2. C	2. B	2. C
3. B	3. C	3. B	3. 4,020	3. C
4. D	4. C	4. A	4. C	4. D
5. 44	5. B	5. B	5. B	5. D
				6. D

SEMANA 10

DÍA 1	DÍA 2	DÍA 3	DÍA 4	DÍA 5
1. 4 y 3	1. A	1. B	1. 7 y 2	1. B
2. B	2. 4 y 5	2. B	2. A	2. B
3. A	3. 4, 20, 0, 8	3. B	3. 30, 54, 10, 15	3. A
4. B	4. 3 decenas, 2 unos, 32 nubes	4. B	4. A	4. A
5. 8	5. A	5. A	5. B	5. 8 y 8
		6. B	6. B	

SEMANA 11

DÍA 1	DÍA 2	DÍA 3	DÍA 4	DÍA 5
1. C	1. D	1. fresas	1. C	1. A
2. B	2. C	2. Las respuestas pueden variar	2. C	2. B
3. B	3. C	3. <, <	3. D
4. C	4. A	3. B	4. Las respuestas pueden variar	4. Las respuestas pueden variar
5. D	5. B	4. A	5. B	5. A
6. B	6. A	5. B, C	6. B	6. A
		6. B		

SEMANA 12

DÍA 1	DÍA 2	DÍA 3	DÍA 4	DÍA 5
1. B	1. B	1. A, B, C	1. C	1. C
2. C	2. 30	2. A	2. C	2. 26 + 33 = 59
3. 26 + 13 = 39	3. C	3. A	3. A	3. 26 + 51 = 77
4. C	4. A	4. A, B, D	4. D	
5. 6 y 3	5. D	5. 3 y 1	5. C	
6. B		6. D	6. A	

SEMANA 13

DÍA 1	DÍA 2	DÍA 3	DÍA 4	DÍA 5
1. B	1. C	1. C	1. B	1. B
2. B	2. C	2. B	2. D	2. 34, 54
3. 66, 86	3. 21, 41	3. 45	3. C	3. B
4. C	4. B	4. 63, 83	4. B	4. C
5. B	5. 60	5. B	5. B	
6. A	6. C	6. C		

SEMANA 14

DÍA 1	DÍA 2	DÍA 3	DÍA 4	DÍA 5
1. C	1. D	1. B	1. C	1. D
2. D	2. B	2. 60	2. 20	2. A
3. C	3. A	3. C	3. C	3. 10
4. C	4. B	4. A	4. B	4. C
5. B	5. D	5. D	5. C	5. 40
6. 40	6. 50	6. 40	6. A	6. C

SEMANA 15

DÍA 1	DÍA 2	DÍA 3	DÍA 4	DÍA 5
1. D	1. B	1. B	1. B	1. C
2. A	2. C	2. C	2. 2	2. C
3. C	3. escarabajo	3. cocodrilo	3. C	3. D
4. 1 un tiburón	4. D	4. D	4. A	4. ballena
5. D	5. A	5. 2	5. D	5. 2

SEMANA 16

DÍA 1	DÍA 2	DÍA 3	DÍA 4	DÍA 5
1. D	1. B	1. D	1. C	1. D
2. B	2. A	2. B	2. B	2. C
3. 4	3. 7	3. 5	3. 7	3. 7
4. B	4. D	4. A	4. D	4. B
5. C	5. 5	5. 9	5. A	5. 7
6. 4				

RESPUESTAS

SEMANA 17

DÍA 1	DÍA 2	DÍA 3	DÍA 4	DÍA 5
1. C	1. D	1. D	1. B	1. D
2. B	2. B	2. 01:00 o seis en punto	2. C	2. A
3. D	3. 11:30 o y media 11	3. diez	3. diez	3. 9:30 o 9 y media
4. las 7 y media	4. A	3. A	4. C	4. D
5. B	5. C	4. D	5. D	5. B
6. 1:30 o 1 y media	6. B	5. 6:00 o seis en punto	6. 6:30 o seis y media	6. 6:30 o seis y media
		6. B		

SEMANA 18

DÍA 1	DÍA 2	DÍA 3	DÍA 4	DÍA 5
1. D	1. C	1. A	1. B	1. A
2. A	2. B	2. B	2. C	2. A
3. B	3. D	3. C	3. B	3. C
4. C	4. B	4. C	4. B	4. D
5. B	5. B	5. B	5. D	5. C
6. C	6. B	6. C		6. B

SEMANA 19

DÍA 1	DÍA 2	DÍA 3	DÍA 4	DÍA 5
1. C	1. B	1. C	1. C	1. B
2. C	2. D	2. C	2. A	2. C
3. B	3. B	3. D	3. D	3. B
4. B	4. D	4. A	4. A	4. D
5. D	5. B	5. D	5. B	5. A
6. 3	6. C	6. B	6. A	

SEMANA 20

DÍA 1	DÍA 2	DÍA 3	DÍA 4	DÍA 5
1. B	1. B	1. D	1. B	6. dos
2. C	2. D	2. B	2. D	1. C
3. C	3. D	3. A	3. Se comieron una cantidad igual de pizza.	2. tres cuartos
4. B	4. D	4. B	4. C	3. D
5. D	5. A	5. B	5. 4	4. C
6. A	6. C	6. D		5. A
				6. B

Pregunta de reto

Semana 1: 10. **Semana 2:** 17. **Semana 3:** 72. **Semana 4:** 18. **Semana 5:** 28. **Semana 6:** 3. **Semana 7:** Las respuestas pueden variar. **Semana 8:** 11. **Semana 9:** 88. **Semana 10:** 116. **Semana 11:** 10 lápices. **Semana 12:** 23 + 35 = 58 años. **Semana 13:** 10, 30. **Semana 14:** 20. **Semana 15:** la izquierda. **Semana 16:** el perro tiene 7 hojas de largo, el zorro tiene 6 hojas de largo. **Semana 17:** 1 y 3. **Semana 18:** 3 coches rojos. **Semana 19:** un rectángulo. **Semana 20:** dos mitades.

Evaluación

1. C	11. A	21. A
2. B	12. 11	22. C
3. 7 libros	13. C	23. B
4. C	14. A	24. D
5. A	15. C	25. B
6. D	16. D	26. C
7. D	17. B	27. D
8. B	18. 15 marcadores	28. A
9. D	19. 5 gente	29. C
10. C	20. C	30. D

31. B	41. A	51. C
32. B	42. A	52. A
33. D	43. D	53. B
34. 34 + 25 = 59	44. un autobús	54. D
35. C	45. B	55. A
36. D	46. C	56. B
37. A	47. 6 botones	57. C
38. 38, 58	48. C	58. D
39. B	49. D	59. C
40. D	50. A	60. Ambos tienen cantidades iguales.

SOCIAL STUDIES

Social Studies Daily Practice Workbook by ArgoPrep allows students to build foundational skills and review concepts. Our workbooks explore social studies topics in depth with ArgoPrep's 5 E's to build social studies mastery.

KIDS WINTER ACADEMY

Kids Winter Academy by ArgoPrep covers material learned in September through December so your child can reinforce the concepts they should have learned in class. We recommend using this particular series during the winter break. These workbooks include two weeks of activities for math, reading, science, and social studies. Best of all, you can access detailed video explanations to all the questions on our website.

1st Grade

DIPLOMA

The certificate is presented to:

____
your name

____
by school name

for successful completion of ArgoPrep's Grade 1 workbook

_______________________   _______________________
Date   *Signature*

Excellent work!

Made in the USA
Las Vegas, NV
12 February 2025